U0377644

图灵教育

站在巨人的肩上
Standing on the Shoulders of Giants

TURING

图灵教育

站在巨人的肩上

Standing on the Shoulders of Giants

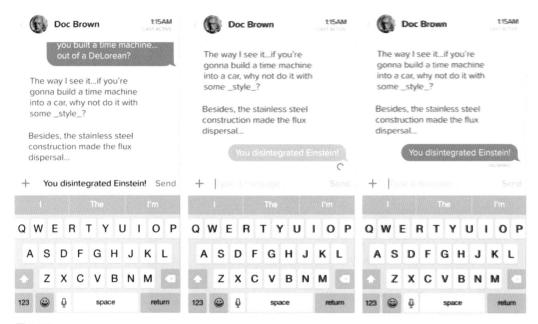

图 6-31

当用户输入信息时需要应用程序能够感知输入框的状态，让"发送"（Send）按钮外观做出相应的改变，同时还有一系列信息发送中的加载状态以及信息已送达的反馈

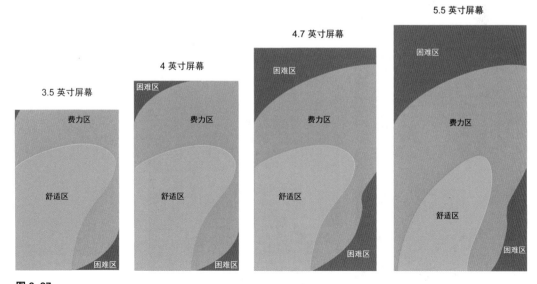

图 6-37

拇指区热图，分别对应 3.5 英寸、4 英寸、4.7 英寸以及 5.5 英寸屏幕

4.7 英寸屏幕

5.5 英寸屏幕

图 6-38
对比 4.7 英寸和 5.5
英寸屏幕的拇指热
区

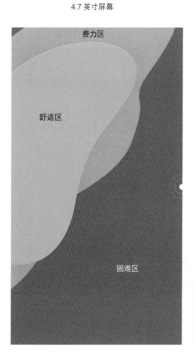

4.7 英寸屏幕

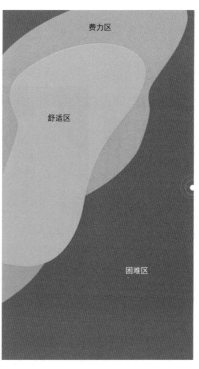

5.5 英寸屏幕

图 6-40
"夹住手机中部"的
握持方式改变了手
掌的中心点相对于
手机的位置,极大
地影响了拇指的操
作范围

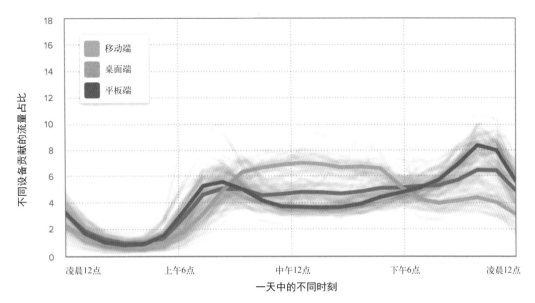

图 6-43

网站实时流量统计平台 ChartBeat 对一天中不同设备使用情况的研究。每种类型的设备都有其特定的用户使用时段偏好

你对群组的贡献水平

开始在一场讨论中表达自己的看法吧。加入群组的用户可以获得原来基础上4倍的个人页访问量。

新手上路

图 7-8

LinkedIn 的群组提示在我第一次加入一个群组时触发

你对群组的贡献水平

开始在一场讨论中表达自己的看法吧。加入群组的用户可以获得原来基础上4倍的个人页访问量。

获得一位听众

图 7-9

把鼠标指针悬停在提示上,提示就会向我展示今后可能完成但现在尚未完成的进度。我们也需要注意:在这里,进度条由黄色变为绿色,会给用户带来心理上的愉悦

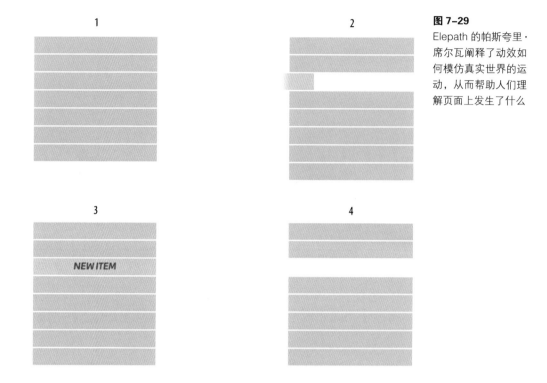

图 7-29
Elepath 的帕斯夸里·席尔瓦阐释了动效如何模仿真实世界的运动，从而帮助人们理解页面上发生了什么

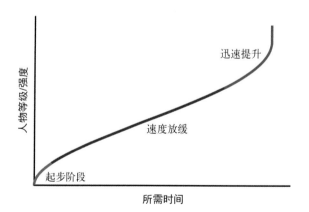

图 8-4
角色扮演游戏中的加速流曲线

产品设计：
杰出设计师的黄金法则

Designing Products People Love

[美] 斯科特·赫尔夫 著

李盼 译

赵志弘 审校

Beijing · Boston · Farnham · Sebastopol · Tokyo

O'Reilly Media, Inc. 授权人民邮电出版社出版

人民邮电出版社
北　京

图书在版编目（CIP）数据

　　产品设计：杰出设计师的黄金法则 / （美）斯科特·
赫尔夫（Scott Hurff）著；李盼译. -- 北京：人民
邮电出版社，2020.11
　　ISBN 978-7-115-55030-9

　　Ⅰ．①产… Ⅱ．①斯… ②李… Ⅲ．①产品设计
Ⅳ．①TB472

　　中国版本图书馆CIP数据核字(2020)第191891号

内 容 提 要

　　想要创造出一鸣惊人、万众青睐的产品，不仅要规划合理的设计流程，而且还要洞悉市场
动态和用户心理。这对设计师和产品经理来说都是高难度的挑战。本书提出了"产品创造模型"
框架，将创造产品的流程分为四步：捕捉与综合；构建；测试与升级；发布、监控以及重复。
借助这个框架，本书探讨了创造成功的数字产品所需的工具、框架、策略，等等。本书作者是
经验丰富的产品设计师，在分享自己设计心得的同时，还采访了多位一线产品主管，让读者能
从不同的角度思考什么是好的数字产品设计，以及怎样做到与用户共情，并通过用户反馈来改
进产品。

　　无论你是创业者、创业公司员工，还是大型组织中的一员，通过阅读本书，都能学习如何
创造出打动人心的产品。本书也适合设计师、产品经理，以及其他想要更好地和设计师沟通的
人阅读。

◆ 著　　　　[美]斯科特·赫尔夫
　　译　　　　李　盼
　　审　　校　赵志弘
　　责任编辑　温　雪
　　责任印制　周昇亮

◆ 人民邮电出版社出版发行　　北京市丰台区成寿寺路11号
　　邮编　100164　电子邮件　315@ptpress.com.cn
　　网址　https://www.ptpress.com.cn
　　天津翔远印刷有限公司印刷

◆ 开本：800×1000　1/16
　　印张：15.25　　　　　　　　彩插：2
　　字数：354千字　　　　　　　2020年11月第1版
　　印数：1 - 2 500册　　　　　2020年11月天津第1次印刷
　　著作权合同登记号　图字：01-2017-5591号

定价：119.00元
读者服务热线：(010)51095183转600　印装质量热线：(010)81055316
反盗版热线：(010)81055315
广告经营许可证：京东市监广登字 20170147 号

版权声明

O'Reilly Media, Inc.介绍

O'Reilly 以"分享创新知识、改变世界"为己任。40 多年来我们一直向企业、个人提供成功所必需之技能及思想，激励他们创新并做得更好。

O'Reilly 业务的核心是独特的专家及创新者网络，众多专家及创新者通过我们分享知识。我们的在线学习（Online Learning）平台提供独家的直播培训、图书及视频，使客户更容易获取业务成功所需的专业知识。几十年来 O'Reilly 图书一直被视为学习开创未来之技术的权威资料。我们每年举办的诸多会议是活跃的技术聚会场所，来自各领域的专业人士在此建立联系，讨论最佳实践并发现可能影响技术行业未来的新趋势。

我们的客户渴望做出推动世界前进的创新之举，我们希望能助他们一臂之力。

业界评论

"O'Reilly Radar 博客有口皆碑。"

——*Wired*

"O'Reilly 凭借一系列非凡想法（真希望当初我也想到了）建立了数百万美元的业务。"

——*Business 2.0*

"O'Reilly Conference 是聚集关键思想领袖的绝对典范。"

——*CRN*

"一本 O'Reilly 的书就代表一个有用、有前途、需要学习的主题。"

——*Irish Times*

"Tim 是位特立独行的商人，他不光放眼于最长远、最广阔的领域，并且切实地按照 Yogi Berra 的建议去做了：'如果你在路上遇到岔路口，那就走小路。'回顾过去，Tim 似乎每一次都选择了小路，而且有几次都是一闪即逝的机会，尽管大路也不错。"

——*Linux Journal*

赞誉

"如今的产品设计流程跟几年前相比已经大不相同。这本轻松易读的设计指南会带你领略现代产品设计，其中的诸多方法正是当今杰出的设计师所采用的。这本书既是该领域的概览介绍，又可以作为常备身边的操作指南。想要做出人们喜爱的产品吗？这本书能让你获得启发。"

——Dan Saffer，Twitter 产品设计师，《微交互》作者

"针对这个快速变化的领域，本书作者分享了他富有才智且具有可操作性的见解。"

——Randy J. Hunt，Etsy 设计副总裁

"如今人们秉承追求速度、创业驱动、为移动而设计的思维，过去的传统则是步伐较慢、追求'把事情做对'、固守品牌的思维，斯科特的这本新书将新旧两个世界联系起来进行讨论。数字产品设计的新世界正在漫无止境地演变着，这本书提供了 2015 年以来的现代数字设计师应该实践的方法论，他们应当锐意进取而非墨守成规。但是请记住，在此后的岁月，我们应该可以预期：数字产品设计领域还会发生更大的改变。所以作为一位业余历史学者，我很期待斯科特这本书的新版本，因为我们生活在一个快速演变的世界中，产品往往在交付之时就开始迅速过时了。"

——John Maeda，凯鹏华盈设计合伙人

"一本既富有思想又魅力十足的设计指南，教你做出伟大的产品。"

——Scott Berkun，《创新的神话》作者

致谢

这本书的出版几乎用了两年时间，无数人的努力使本书最终出现在你面前。

我心中感念 Mary 和 Angela 将我带进了 O'Reilly 的大家庭，并且一直帮我赶上写作进度。Cynthia 在我写作早期和日常写作期间一直对我帮助很大。无比感谢帮我审读初稿的 Jeff、两位 Mike、Chris、Dan G.、Brian、Jason C.、Noah、Anton、Amy、Alex、Andrew、Dan S.、John、Hannah 以及 Jason。你们每个人都帮我进入状态并且送我冲过终点线。同样，我也很感激答应接受采访的每一个人——你们的真知灼见必将余音绕梁、不绝如缕。最后，我要衷心感谢妈妈和爸爸，因为他们在我很小的时候就向我灌输写作能力的重要性。

目录

前言

产品是为客户设计的

产品设计，不只是为了**交付**。

不只是强调原创。

不只是为了美观或前卫。

也不只是强调易用性。

产品设计，是彻底理解客户的感受、想法以及需求，以创造出适合他们的产品。

但是，归根结底，设计产品意味着**设计畅销的产品**。

因为这才是一个产品存在的前提。

这可不是什么新概念。"企业的目的就在于创造客户"——传奇人物、组织架构专家彼得·德鲁克在《管理的实践》中曾这样写道。这可是他在 50 多年前就写下的结论。

也许，你阅读这本书，是因为你或你的团队陷入了"交付－调整－交付"的死循环，找不到出口。

也许，是因为你的团队渴求"更具设计思维的解决方案"，而你的工作就是设计助理。

或许，你向往财富，这无可厚非。毕竟最近几年，越来越多由设计师牵头的公司赢得了投资，或被重金收购。

无论你是为了生存、适应，还是虚荣（或者以上都不是），我都很高兴你能选择本书。

你将学到如何忽略一切信息噪声。

你将学到如何创造**畅销**的产品。

一款成功的数字产品，源于卓越创造力、艰苦努力以及优秀领导力的共同作用。我们太容易忽视的一点就是，产品是**由人做的**，也是**为人做的**。

忽视这一点，就会导致构建产品的**方法**变得捉摸不定，与产品的**本质**脱节。

这是因为，成功产品的构建方式是公司的竞争优势。不论是对 Facebook 和 LinkedIn 那样的巨头，还是对一些你未曾耳闻的创业新秀而言，道理都是如此。

一蹴而就的成功少之又少。成功的产品并不像我们想象的那样，都是美丽的意外。事实上，大多数产品做得拖泥带水，缺乏有效的实践方法。

那么，如何创造一款畅销的产品呢？

我向你保证，成功并不始于囫囵吞枣地翻看传奇人物传记，也不是靠多读几遍"这样做出来就会吸引来客户"，或者幻想**"先把这个做出来，就知道接下来该怎么做了"**。

下面谈谈为什么这本书是为你而写的。

为什么这本书是为你而写的

多巴胺带来的快感清晰如昨。

我曾是凯鹏华盈投资的一家线上视频公司的创始团队成员，负责产品。

当时我们的用户每天都会增加 100 万。

这些数字似乎能够证实：人们喜欢我参与创造的产品。

然而好景不长。我们在注册量超过 2000 万时信心满满，但之后流量骤降，用户兴趣减退，产品最终在 2013 年 11 月退出市场。

我不明白为什么会这样。为什么 2000 多万人会注册一个他们并不需要的产品？而我们当时又凭什么认定那就是真正的成功？

这段经历让我急切地想弄清楚，如何才能做出最好的产品。好奇心驱使我仔细检视产品设计师的工作方式，观察他们如何创造出人们想要、渴求且一刻也离不开的产品，他们又如何一再重复这样的过程。

可能有人会把我这段轶事归咎于没有达到所谓的"产品／市场匹配"，然后有人可能会鼓励我"转向"（pivot）新领域来将上一个产品"快速试错"。之后，就可以回头"验证"这条路线并做出相应的调整。

但这个过程也让我陷入思考——这种框架会不会是有缺陷的呢？我们能否不用一边祈祷一边发布产品，不用发动精心设计的病毒营销，也不用在下次转换路线时继续祈求上天保佑呢？

这本书就是为你而写的

这本书献给任何想在数字产品领域做得更好的人。当掌握了改善当前工作的**方法**时，只要付诸实践，每个人都会从中受益。

我的目的是向你展示如何创造成功的数字产品，无论你身处何种行业。我采访了多位产品主管，研究了其产品的创造过程，并且收集了他们在成功之路上反复使用的方法和策略。

每章末尾你都会看到我对这些经验丰富的产品设计师的专访，通过这些访谈，你将了解这些成功的产品设计师是如何工作的，他们如何咬紧牙关破除创意枯竭的魔咒。你将了解他们在哪里寻找创意，又如何与团队一道解决产品问题。最妙的是，你还将学到他们构思许多热销产品时屡试不爽的方法。

最后，你将看到如何才能创造像 Medium、Twitter 和 Squarespace 这样的产品（以及**很多**其他的产品），并不断改进。产品设计师的工作流程和方法将展现在你面前，任由你活学活用。

我们将看到他们如何从早期产品思路中去粗取精、验证这些思路，以及这些调查结果又是如何影响实际产品设计的。

然后，我们还要刨根问底，探寻他们设计、建立原型、迭代以及测试真实产品等行为背后的思考。我们将了解他们如何收集客户反馈，并在最终发布产品时利用这些信息以增加胜算。

话虽如此，但这本书中的技巧对所有人都适用。无论你是创业者、创业公司员工，还是大型组织中的一员，只要你正面临以下问题，这本书就会对你有用。

- 想当然地构建出产品，发布后无人问津。
- 因为项目最后阶段的改动、未经充分考虑的流程或者技术水平无法实现产品的愿景，所以最终导致项目停滞。
- 纵使团队认为产品的用法"显而易见"，客户却不知如何使用。
- 你害怕自己落后，学得不够快，并且没有产出足够的创意。
- 你有能力识别"好的设计"，但总是陷入细节无法自拔、怀疑设计决策，并且忘记产品的整体意图：把客户放在第一位，而不是眼下的用户界面规范。

我的目标是让你读完本书后掌握以下内容。

- 了解你每天使用的产品因何而富有生命力。体会顶尖公司那些高效产品设计师的思维，学习如何做出伟大的产品，将这些工作流程现学现用。
- 学习用更简单的方法发掘和解读客户的喜怒哀乐，并把这些信息作为一种愿景，指导团队渡过混乱的产品创意阶段。
- 通过学习用户流程、焦点设计（epicenter design）、结构意识（state awareness）以及主操作，减少为不同外观的产品（手机、台式机、平板设备、Web、电视、汽车）设计界面的无所适从。
- 探索产品设计师利用了哪些最新的心理学研究成果，以创造能够令人形成习惯并且投入其中的用户体验。

我可不会辩称这本书中的所有内容都是崭新的、原创的，或者前所未有的。事实上，这本书正是基于前人的成果。这本书之所以存在，就是因为我想找到那些真正的一线产品设计师——他们才是把各种各样的流行模型和方法实地利用起来的群体。在这里，你将读到**实际**的工作是如何进行的。

本书内容

创造一个新产品就像拍照。

你想捕捉的画面就在面前，但你不确定什么样的焦距设定能让拍摄对象在画面中显示出清晰的线条、锐利的角度以及突出的细节。所以你反复调整镜头，逐渐找到适合照片和镜头的焦距。

当然，你的拍摄对象可能不是静止的，例如人物的微笑等面部表情、风吹起的树叶、忽然跑出画面的野生动物。因此，你要根据现场的实际情况随时调整，以定格最美好的画面。

构建一个产品也要面临类似的挑战。开始之前你就要定义清晰的目标，但过程中间你可能会一直被迫调整角度和范围。即便如此，你也要尽可能找到最好的解决方案，达成目标并且让客户满意。

为他人创造产品充满挑战，但我们并非第一个面对这种挑战的人。正因如此，我们要检视过去，以便设计未来。

产品创造模型

创造产品的过程是混乱的，但我尝试将这个复杂的过程分解成 4 个基本步骤，这些步骤提供了本书的章节框架（如图 P-1 所示）：

1. 捕捉与综合
2. 构建
3. 测试与升级
4. 发布、监控以及重复

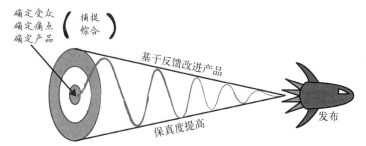

图 P-1
产品创造模型捕捉了创建产品的 4 个基本步骤——虽然这是个混乱的过程

这张图会反复出现在本书中，我们先来简单了解一下它的大致含义。

捕捉与综合

产品的诞生和消亡，与产品客户的痛点和爽点息息相关。要想捕捉优秀的产品创意，就需要在目标用户身上搜索这两点。为了寻找痛点与爽点，你需要尝遍艰难困苦、投入不懈努力，以找到竞争对手忽视或未满足的需求。

第 1 章中，你将追溯现代数字产品设计的源头——20 世纪早期产品创新的先驱：莉莲·吉尔布雷斯、亨利·德赖富斯以及尼尔·迈克尔罗伊。他们中的每一位都曾不畏艰辛地从事用户研究，以塑造出自己独特的产品，其研究在产品设计领域影响深远。

第 2 章中，你将学到"为什么揭示人们的痛点是产品成功的源泉"。你将了解如何在客户的自然生活环境中分析他们，并学习"痛点矩阵"——这个工具会帮助你理解为什么不同类型的产品会在客户中引起不同的情感反应。

接下来，你需要利用以上研究成果并让你的团队采纳。你需要说服他们怎么做是正确的，所以在**第 3 章**中，你将看到做产品决策时，该如何将人们团结在目标周围。会议室中都有什么人？他们对你找到的痛点了解多少？你该把什么数据展示给大家？你该怎样引导这场讨论？在这里，你将学到如何把客户的需求作为前提，并在此基础上进一步构建产品。你将了解用户研究中的结论如何接受团队的考验，掌握让会议顺利得出结论的技巧，并找到让团队在会后专心于工作并保持高效的秘诀。

构建

先不要设计 logo 或营销网站，而应当先设计产品的界面。

产品界面的设计要从下面这些工作开始：着手创作界面、构想和分析用户流程、构建原型来把想法具体化，并在原型基础之上完善界面。当产品的发布时间越来越近，测试反馈使产品的保真度不断提高，你的产品会成为这一阶段关注的重点。

利用事先做好的文档绘制每个页面，这样能够帮助你在早期甄别出用户流程的主要问题。这种设计方式能让你提早考虑好何时需要哪些数据，迫使你把数据收集步骤整合到用户流程中去。我们将在**第 4 章**中研究这些方法，并探索产品设计师构想用户流程时使用的各种技巧。你该用什么方式表述每一种可能出现的状态？草图，还是线框图？你需要记住的是，这里不存在一种绝对的方法。我们的目标是，就像一位著名的突击队员曾经说过的那样，"继续前进"，并且在不需要纠结产品变量的情况下，尽快做出一个能用的东西。清晰性和沟通在这个阶段是至关重要的。

你需要为你的想法构建原型并且将其具体化，从而为团队、客户以及潜在客户提供视觉化展示。这是产品设计的关键，你将在**第 5 章**中学到这些方法。当你进入接下来的设计流程时，早期低保真工作的重要性就会逐渐体现出来。你在这方面的早期投入会指明你接下来该做什么。一旦文案大致拟出，用户流程也已规划清楚，这个阶段的目标就应该是尽快做出一个能用的东西——**能用**是这个阶段的关键词。

第 6 章将检视界面设计的机制。你将学到任何产品页面都具有的 5 个基本状态，以及如何制定基本的用户界面设计准则。在这一章中，你将了解从粗略的原型变成高保真页面时所需要经历的精细过渡。接下来，你会看到如何做出适用于不同平台（移动、网页、桌面、电视、手表）的设计，以及如何为手持设备做特定优化。

但制作仿真原型和简陋模型并不意味着就能顺利完成用户界面并营造难忘的体验。**第 7 章**将帮助你挖掘体验设计背后的心理学。我们都是人，易受到情绪影响，产品如何才能体察情感？我们如何才能利用情感将用户带入体验的正反馈循环，并让他们不断渴求更多？

你将明白，对于产品的心理层面影响而言，为什么页面过渡、动画、个性化以及正强化都是最为关键的要素。而且，你将看到利用个性化的多种表现形式（文案、角色、艺术、内行人才懂的笑话）潜移默化地影响你的产品，都会带来哪些好处。你还会学到如何设计符合产品个性的过渡和动画。最终，你会看到为什么必须研究产品的用户流程，从而创造强大的反馈循环和参与循环。除了解决客户的痛点之外，如何使人们想要使用你的产品？有哪些心理学基础原理是你要谨记于心的？

测试与升级

创造一个产品意味着在每个版本发布之前不断地改进。改进基于不同保真度原型的反馈与评价——来自团队、朋友、家人、外界测试版用户，甚至产品的客户。你将在**第 8 章**中学到，如何重视这些（正面与负面的）反馈并且迎难而上。这个阶段我们需要做的就是，从实用性角度研究、解读反馈。你还会学到如何通过早期异常反馈判断局势（有时这说明正在构建的产品方向是错误的），并且理解反馈在"升级"产品过程中起到的作用。

发布、监控以及重复

你怎么知道何时交付产品？你该为发布做哪些准备？**第 9 章**将向你展示为什么必须在这个阶段特别留意产品的各个方面。你是产品的"COE"（Chief of Everything，首席什么都管），应当随时掌握它是如何运作的、它正处于什么阶段、什么问题是开放性的，以及下一步该做什么。而且你对产品的责任在交付后也不会就此终结。

此处，你将看到如何与"最简化可实行产品"（MVP）的思想做斗争，以及在不考虑产品质量、效率的情况下，你能在多短的时间内做出一个产品。我们将把这种理念同"最简化受欢迎产品"（既可以被客户视作问题解决工具，也能够被视为可以带来愉悦的产品）的概念相对比，但要认识到后者也不是毫无缺陷的。

最终，你会学到发布后需要监控哪些方面，以及如何在绝望的低谷期保持理智和创造力。

我无法传授你做出一个成功产品或者满足一位客户的通用秘方，因为构建产品取决于诸多因素——你所处的市场、同你一起工作的人，以及你或团队的成见。但我们可以一起研究成功产品案例，并得出一些你能在自己的工作中运用的框架和原则。

与其罗列出一堆该做和不该做的事项，不如从经验丰富的产品设计师角度出发，让我来带你体验一段创造产品的旅程。

如何使用这本书

开始之前我要提醒你：在每章的最后你会发现 3 样东西。

第一，我会用简短的文字复述章节的内容。你可以将这些文字复制粘贴到一个文档中、写在 Moleskine 笔记本上，或者发到你喜欢的社交网络平台，这样做会帮助你记忆阅读过的内容，并且帮你在未来的某天回顾最喜欢的段落。

第二，"现在动手"部分会指导你将读过的内容运用到实际工作中。

第三，每一章结尾都有我对一些产品设计师的访谈记录，他们个个身经百战（你正在读的是前言，从第 1 章开始才会有访谈）。每篇访谈的内容都切合章节主题，这些设计师为本书提供了诸多思路，我希望你能了解到他们的背景、动机以及技巧。

那么，接下来呢？

我们将研究，为什么成功的产品总是从观察人们的行为开始，**而非**你**认为**他们在做的事。然后了解一些久经考验的技巧，用它们来搞清楚潜在客户的真实需求。

我们开始吧。

可分享的笔记

- 产品的创造**方法**是每个公司的竞争优势。
- 大部分产品——无论成功的还是失败的——往往都做得拖泥带水，缺乏有效的实践方法。最大的元凶是什么？因为迷信新技术，只考虑到发布和创造流程更划算，所以忽略了久经考验的产品构建方法。

- 连通性、移动设备以及廉价技术的繁荣发展使设计具有了前所未有的价值。
- 产品创造的过程有 4 个阶段：捕捉与综合；构建；测试与升级；发布、监控以及重复。

现在开始

阅读第 1 章！

电子书

扫描如下二维码，即可购买本书中文版电子书。

第 1 章

产品因何而生

产品设计是什么

"产品设计是什么?"

"产品设计师是做什么的?"

"产品设计师和产品经理有何区别?"

近几年,人们越来越关心产品设计的定义及其作用。如今,我们这些处于(或者想要进入)科技行业的人比以往任何时候都更希望知道产品设计究竟有什么能耐,以及它到底该怎么界定。

这是因为,我们需要以更宏大的视角来界定产品团队的责任。随着科技日益深入人们生活的各个层面,产品设计不仅会决定整个产品业务的存亡,而且也会影响到客户的生计。

但"产品设计"仍然是一个难懂的概念,甚至对于实际从事这项工作的人来说也不例外。

我采访过的产品设计师给出的答案五花八门、颇具智慧。下面就来看看他们如何描述自己的工作。

乔什·布鲁尔,前 Twitter 主设计师:

产品设计师拥有一套更宽泛的知识框架。他们可能对一两个领域有深入的研究,但也理解孵化产品的整个过程。你必须在各个领域都具有一定的专业知识。

内森·康尼，Highrise 总裁：

我认为产品设计正在变成一种搜寻工作——搜寻人们完成一项工作时遇到的阻碍。作为产品设计师，我努力理解人们所从事的工作，并且观察人们完成其工作所需的步骤。然后尝试找到可以省去的步骤，例如能否将某些步骤合并，或去掉某些步骤？我发现，很多时候只要省去产品的某一个步骤就能节省大量时间。

赖恩·胡佛，Product Hunt 创始人：

（产品设计）更多是一种对于"产品是什么"的综合思考，即你想实现或解决的是什么，你们如何尽可能简单高效地为用户解决问题。这更像是综合考量"我们如何才能针对某个需求打造一种体验和解决方案"。我认为，这个过程涉及更多的用户心理学知识，以及对构建易用界面的理解。同时，也包括你们怎样从营销角度传递出这种价值主张。

基南·卡明斯，Airbnb、雅虎、Days 产品设计师：

产品设计就是试图去理解他人。我们需要有所突破，即走出我们的舒适区，避免种种成见。你需要一直挑战自己已经形成的世界观。人们往往与你想象的不一样。我当前认同的唯一观点就是约翰·克里斯·琼斯在其著作 *The Internet and Everyone* 中提出的："如果我们今后还有机会从事产品设计，无论设计任何产品，都不应该假定人们是麻木愚蠢的。"

但这还只是设计的前期观察部分。发现和理解动机是一个共情的过程，我将共情作为"设计师在学习产品设计方面的优势"。设计其实就是一种共情的实践，这个过程将文化与变化着的思想相融合，以提炼出有趣的东西。设计师能够轻松地做到这种融合与提炼。他们从事设计亦是为了传播其思想，他们也很善于创造易于传播的东西。这些都多亏了共情的作用。他们走出了自己的舒适区，才做出了打动人心的东西。

而"品味"会终结共情。当你积累了足够的文化影响力，觉得思想和文化的融合应当听从内心，就产生了自己的品味。这时，你就会停止观察他人，不再接受外界的影响。你把自己视为灵感的源泉。这种微妙的认知变化很容易被忽视。但逐渐地，你的创意源泉会干涸，好点子越来越少，逐渐陷入枯燥的重复。但文化会继续发展，它充满活力、永不停歇，而你只能卖弄老旧的知识。这就是有了"品味"的后果。

赖恩·舍夫，Quirky 产品设计师：

产品设计就是创造人们想要使用的东西。作为产品设计师，我们的职责之一就是创造简单的、在特定时候会引起特定情感的东西，即引起特定行为的东西，它会激发我们特定的情感。总而言之，它需要满足人们的期待。不做到这一点，你就无法成功。

塞西尔·拉文吉亚，Gumroad 创始人、总裁，前 Pinterest 产品设计师：

> 产品设计和组建一家公司、融资，或者收入和利润的关系都不大。产品设计其实就是找到问题并解决它。如果有 30 种方法可以解决这个问题，那么哪种方法才是最好的呢？
>
> 我喜欢"产品设计"这个词，因为它非常具体。我总是拿杯子举例。一个精心设计的杯子不会让你说"哇，这真是个漂亮的杯子"。好杯子就该实现好自己的功能，能很好地盛装咖啡或者别的饮料就足矣。这意味着杯子外层的材料需要隔热，避免烫伤你的手；底部不能有洞，咖啡不能漏出去。一般而言，精心设计的产品往往有相似之处。
>
> 对软件而言，问题就是"这个软件要做什么"。杯子要盛装液体，软件要做什么？我们该如何设计它？在现有的限制条件下，该做出哪些功能来实现这个目的？就杯子而言，不考虑限制，最贵的咖啡杯也许需要 8000 美元才能制作出来——例如用月球上开采的材料去做（这可不是什么好方案）。产品设计需要考虑限制条件。

很明显，产品设计的定义会根据各个公司及其面对的挑战发生细微的改变。在某些情况下，产品设计师可能为了孵化产品而需要学习编程；而在另一些情况下，对客户心理的深刻理解才是关键。

这正说明，产品设计是把不同方法论相结合的综合产物。这里涉及的不只是单一种类的工作。对产品设计人才的需求正在变得越来越强。

但并不是只有数字产品的设计才会考虑这些因素。数字产品设计与过去的产品设计一脉相承，并没有什么特殊理由让设计师打破过去一贯坚持的人本设计原则。

我们不仅需要从新的实践中学习，而且也要借鉴过去。现在，先通过理解前人的工作来了解更多产品设计的知识吧。

产品设计师的传统

5 年，3 个产品，1000 万美元。

我在一家获得风险投资的创业公司工作了约 60 个月，在此期间，我们团队平均每 8 个月就会构建一个新的产品概念。每 8 个月的周期中，我们会选取新的目标用户、做彻底的品牌改造，以及"破釜沉舟"式的跃进。

我曾经以为，在创业公司工作**应该就存在**这般巨大的不确定性：询问客户的需求后，靠直觉做出决定；全盘相信精益创业模型；赶着将我们的"最简化可实行产品"推出，只有在找不到愿意使用的用户时才会"转换思路"。

于是我们就不断地转换。

我们究竟做错了什么？

我失败了，并且已经精疲力竭。数据与实际情况相反：有很多人注册了账号，并且说他们喜欢我们的产品……但就是不再使用它了。我们也不知道为什么。

寻找答案的过程中，我注意到许多类似的案例：大量的 Web 应用程序和移动应用程序被"快速试错"，风险投资和天使投资的钱被烧得热火朝天，然后化为乌有，似乎同样没有人知道其中的原因。

在我们这一行，人们倾向于传颂和探讨成功者，而鲜有人从失败案例中总结经验。相比于那些凤毛麟角的成功事迹，究竟有多少创业公司解散的数据往往很难找到。创业和科技领域的商业建议或博客文章，往往是幸存者偏差的产物。[1]

真相令人震惊。根据我们目前**可以**搜集到的过去 20 年的数据，有 62% 的风险投资基金没有获得高于公开市场的回报。[2] 更糟糕的是，只有 20% 的基金取得了超出公开市场 3% 的年回报率。而这些基金中，有一半可是从 1995 年以前就开始做投资了！

你可以辩解说有些公司的失败只是因为资金链断裂，或者在经历困难时期，抑或是它们需要的技术太昂贵以至于无法继续构建产品。

情况可能确实如此，但以上结果都有一个共同的原因：它们都没能寻找到足够的客户以继续维持公司运转。

所以，我决定来研究成功的产品是如何炼成的。在这个过程中我意识到，作为设计师，我们确实有能力做出表面上受欢迎的产品，它们美观夺目、家喻户晓，甚至会引发病毒式传播，但我们往往对产品商业上能否成功没有把握。Facebook 创始人知道哪些我们不知道的东西呢？虽然面临大量的竞争者，为什么 Dropbox 在最初就获得了成功？ Basecamp 作为一个简单的项目管理业务是如何从 1999 年一直撑到今天的？

技术并不特别，但我们总以为它有特别之处。毕竟，计算机、移动电话以及互联网，这些都是有史以来被人们很快认可、接受的技术。快速推广普及取得成功的念头在我们脑海中挥之不去，毕竟，归根结底，如今创造一种产品的成本是如此之**低**（如图 1-1 所示）。

注 1：参见 a smart bear 网站文章 "Business Advice Plagued by Survivor Bias"。
注 2：参见考夫曼基金会（Kauffman Foundation）网站文章 "We Have Met the Enemy and He is Us"。

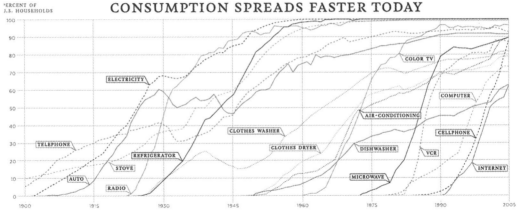

图 1-1
从历史角度来看，移动电话的普及速度比空调的普及速度还要快得多（来源：《纽约时报》[3]）

为什么不直接把一个产品推出去，再看它商业上是否可行？如果失败了，为什么不直接问问人们更喜欢什么？

但是，"创造出人们需要的东西"所遵循的原则并没有改变，哪怕我们在一个 20 年前尚不存在的新兴产业中创造产品，也不能脱离这样的原则。我们的判断被蒙蔽了。简单的推广和对"客户验证"的迷信，已经让很多人变懒，甚至变成了这种模式的虔诚信徒。

创造出人们想要的产品的实践方法，不会像《星际迷航》中的远征队一样从天而降。这种实践其实已经存在了几百年，它是人们世世代代随着人类社会不断演进而充实起来的优良传统。

你想设计面向未来的产品吗？那你最好了解设计的历史。

你相信吗？从 20 世纪 20 年代开始，就出现了一些令人耳目一新的、以人为本的产品。当时，一个不会做饭的女人重新设计了厨房，现代厨房的出现多亏了她。

除非你看到了一辆德罗宁[4]和一个天真好奇的科学家，否则你大概不会相信这是真的，但我现在就要带你回溯过去。

吉尔布雷斯夫妇：通过观察促成行业变革

1924 年，莉莲·吉尔布雷斯的丈夫弗兰克刚刚去世。他们曾一起做出关于人们工作方式的革命性研究。

注 3：参见《纽约时报》网站文章"You Are What You Spend"，作者是 W. Michael Cox 和 Richard Alm。
注 4：美国科幻电影《回到未来》中的一辆楔形车身、鸥翼车门的时空穿梭车。——译者注

想象一下：你是工人，两个陌生人要求你在手指上戴上小灯泡。他们不仅让你看起来像是《剪刀手爱德华》中的某个怪异角色，而且还要用一些新奇而昂贵的摄像机把你和上面提到的小灯泡一起**录下来**。仅此而已。你只要照常做你的工作即可。

这正是吉尔布雷斯夫妇的开拓性发明：通过他们所谓的"运动研究"，用延时镜头分析工作者的运动轨迹。[5] 被试者的手指戴上小灯泡后，吉尔布雷斯夫妇就利用摄像机录下来。通过这种方式，他们捕捉到了被试者完成工作所需的详细动作（如图 1-2 所示）。[6]

图 1-2
吉尔布雷斯夫妇的开拓性研究。该研究称为"运动研究"，他们用这种方法研究被试者如何完成工作，从而寻找提高效率的方法

研究目的是什么？提高人们的工作效率。为了确定完成一项工作的最佳方式，每个观察到的动作都被拆解为吉尔布雷斯夫妇所说的"动素"（therblig，就是倒着写的"吉尔布雷斯"）——一种他们用来记录工作流程的象形符号（如图 1-3 所示）。[7]这是为了什么？为了分析如何用最少的精力在最短的时间内完成相同的工作。

注 5：参见纽约现代艺术博物馆（MoMA）网站文章"Counter Space—the new kitchen"。

注 6：参见美国国家历史博物馆（National Museum of American History，NMAH）网站文章"Dr. Gilbreth's Kitchen"，以及 abeGong 网站文章"Therbligs for data science—A nuts and bolts framework for accelerating data work"。

注 7：同上。

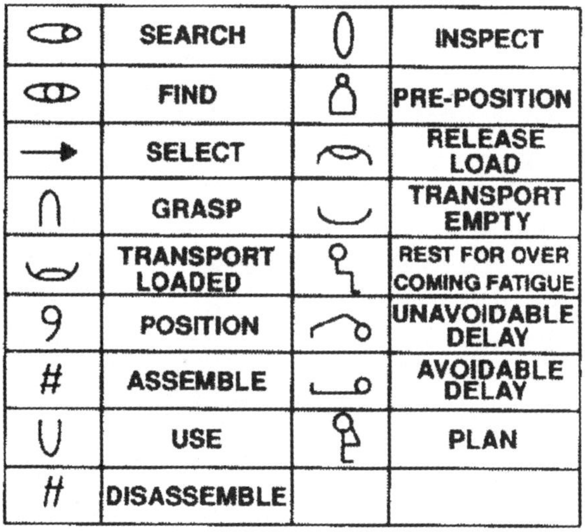

⬭	SEARCH	〇	INSPECT
⬭⬭	FIND	🧍	PRE-POSITION
→	SELECT	⌣	RELEASE LOAD
∩	GRASP	⌣	TRANSPORT EMPTY
⌣	TRANSPORT LOADED	⌐	REST FOR OVER COMING FATIGUE
9	POSITION	⌢	UNAVOIDABLE DELAY
#	ASSEMBLE	⌐	AVOIDABLE DELAY
U	USE	🧍	PLAN
#	DISASSEMBLE		

图 1–3
吉尔布雷斯夫妇在他们的运动研究中，将被试者的动作分解为易于理解的符号

但事实证明，以上这些研究都只是为了一个更伟大的计划。弗兰克去世后，莉莲把注意力转向厨房—— 一个被严重低估的家庭空间——当时人们把厨房中的劳动视为"没有报酬的劳动"。她认为，这种劳动也可以像工厂中的任何其他劳动一样进一步优化。

利用运动研究分析妇女准备食物、烹饪以及洗盘子时的具体步骤，莉莲算得上是第一位观察家庭生活并致力于提高其效率的人因学工程师。

就算莉莲不会做饭也无妨。通过观察妇女在厨房中的行为方式，她找到了准备食物过程中的低效环节，并且设计出方案来解决。《先驱论坛报》进行的早期调查结果显示，使用莉莲设计的布局后将使得厨房准备一餐所需的平均走动步数从 281 步减少到 45 步。[8]

你当前用来烹饪的厨房完全是参考莉莲·吉尔布雷斯的民族志研究成果得出的布局，她的研究彻底改变了后来的厨房设计。通过将厨房看作某种能为使用者进一步优化体验的场景，她发明了诸如"工序三角形"这样的概念。直到今天，设计师还会根据它来设计高效的厨房和工作布局。[9]

亨利·德雷福斯：人本设计的创立

在类似的研究领域，和吉尔布雷斯夫妇并驾齐驱的还有人本设计创始人亨利·德雷福斯。他自学成才，在 20 世纪 30 年代声名鹊起。

德雷福斯在各个方面都称得上是"20 世纪中叶的史蒂夫·乔布斯"，他最初从事舞台设计，而后转向工业设计。

注 8：参见 Slate 杂志网站文章"The Woman Who Invented the Kitchen"。
注 9：参见 Kitchens 网站文章"Breaking Down A Standard Kitchen Design Rule"。

德雷福斯所定义的设计师集诸多角色于一身：设计师亦是研究者、实验对象、工程师、艺术家、政客、建筑师。[10]

我们自始至终都是在研究人。我们思考潜在用户的使用习惯、人因学数据以及他们的情感波动……这是因为我们构想出的设计不仅要令人满意，而且还要具有足够的吸引力，使消费者愿意买单。[11]

正是这样透彻的认识启发他设计出了许多 20 世纪家喻户晓、经久不衰的产品：贝尔 302 型电话、霍尼韦尔 T87 圆形恒温器、宝丽来 100 型照相机。[12]

例如，贝尔 302 型电话机于 1937 年问世时，其创新设计理念轰动一时——它首次仔细研究了人们使用电话及抓握话筒的方式，并据此来设计。这是 20 世纪早期最具标志性的设计之一，在当时的肥皂剧《我爱露西》中的频繁出镜，使得这种电话进一步被大众所熟知（如图 1-4 所示）。[13]

图 1-4
亨利·德雷福斯设计的"露西"电话，早已家喻户晓。与他设计的其他产品类似，都经过其无数次细心的观察研究设计而成

德雷福斯认为，好的设计可以帮助公司获取更多利润。他是第一批将自己的设计服务精心描述，以招徕潜在客户的设计师，宣称自己"具备专业的设计知识——擅长从用户角度思考——不仅能设计出更美观的产品，而且能使产品更好用"[14]。

注 10：亨利·德雷福斯，《为人的设计》。
注 11：同上。
注 12：参见 The Podwits 网站文章 "Podwits Profile—Henry Dreyfuss, Industrial Designer"。
注 13：参见 Yale Alumni Magazine 网站文章 "The making of modern—Yale's art gallery gets a collection of groundbreaking midcentury design"。
注 14：参见 YaleNews 网站文章 "From 'Candlestick' to 'Lucy'—The telephone tells a national story"。

在当时这是巨大的思想转变。此后，德雷福斯指出设计师的任务不仅仅是去掉产品不必要的装饰。事实上，一个工业设计师要想成功，就必须明白产品如何才能改善用户的生活。

他借鉴莉莲·吉尔布雷斯在运动研究、观察方面的革命性成果，以帮助确定其客户的产品应该怎样做。这种设计工作需要观察各种各样的活动，诸如火车是怎样驾驶的、肥料是如何播撒的，以及电信公司如何管理其服务电话。他写道："如果想持续跟踪大众的使用感受变化，没有什么数据能比第一手的研究材料更好。"[15]

为什么要如此痴迷于研究？这是因为对一家公司而言，倘若冒险发布他们并不确定人们是否想要的产品，则后果会不堪设想——就算产品再美观也不管用。

当时，最出名的反面例子是克莱斯勒 1936 款的"气流"（Airflow）。这款车在生产和广告上花费了几百万美元，但它是该公司的一大败笔，因为"公众对这台车的喜好度、接受度没有经过详细的测试"[16]。

德雷福斯相信，他的刻苦研究终会设计出"使人们更安全、更舒适、更想拥有、更高效，或者只是单纯使用起来更开心"的产品。[17]

尼尔·麦克尔罗伊：开创"品牌营销人"

我们可以继续追溯商业产品设计的起源—— 一封在 1931 年由打字机打出的信函。这封信出自宝洁公司的一位经理之手，他后来由艾森豪威尔总统任命为国防部长，并且创立了美国国家航空航天局（NASA）。

1931 年 5 月，俄亥俄州辛辛那提市，尼尔·麦克尔罗伊的任务是提高"佳美"牌香皂的销量。他负责的产品情况不容乐观，此前长期落后于宝洁旗下的"象牙"牌香皂的销量。

麦克尔罗伊意识到，自己所属机构的组织方式使其创新想法无法实行。他无法获得所需要的资源，从而无法确定"佳美"的**目标用户**。

因此，麦克尔罗伊用他的皇家打字机打出了一封至关重要的信函，他做出了一个影响深远的提议——甚至影响了此后新出现的许多产业。他称之为**品牌营销人**提议（如图 1-5 所示）。

注 15：亨利·德雷福斯，《为人的设计》。
注 16：同上。
注 17：同上。

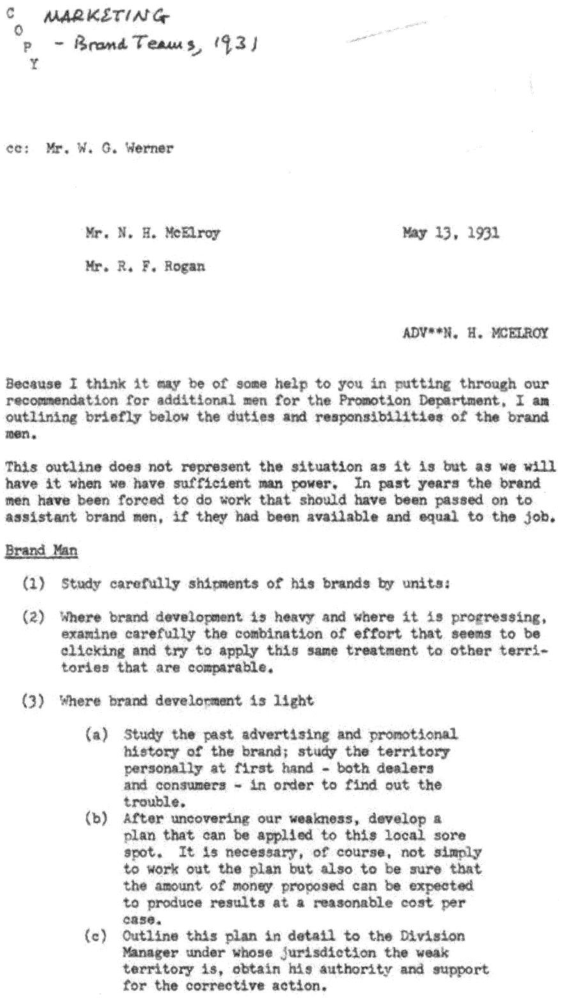

C
O MARKETING
P — *Brand Teams, 1931*
Y

cc: Mr. W. G. Werner

　　　Mr. N. H. McElroy　　　　　　　May 13, 1931

　　　Mr. R. F. Rogan

　　　　　　　　　　　　ADV**N. H. MCELROY

Because I think it may be of some help to you in putting through our recommendation for additional men for the Promotion Department, I am outlining briefly below the duties and responsibilities of the brand men.

This outline does not represent the situation as it is but as we will have it when we have sufficient man power. In past years the brand men have been forced to do work that should have been passed on to assistant brand men, if they had been available and equal to the job.

Brand Man

(1) Study carefully shipments of his brands by units:

(2) Where brand development is heavy and where it is progressing, examine carefully the combination of effort that seems to be clicking and try to apply this same treatment to other territories that are comparable.

(3) Where brand development is light

　　(a) Study the past advertising and promotional history of the brand; study the territory personally at first hand - both dealers and consumers - in order to find out the trouble.

　　(b) After uncovering our weakness, develop a plan that can be applied to this local sore spot. It is necessary, of course, not simply to work out the plan but also to be sure that the amount of money proposed can be expected to produce results at a reasonable cost per case.

　　(c) Outline this plan in detail to the Division Manager under whose jurisdiction the weak territory is, obtain his authority and support for the corrective action.

图 1-5

尼尔·麦克尔罗伊 1931 年的"品牌营销人"提议，这封信函影响深远

"品牌营销人"在当时是一个新奇的概念。在宝洁这样的公司中，雇员的工作内容都是负责具体的业务，比如销售、研究或者行政管理。[18]

区别在哪里？品牌营销人，即之后所谓的**品牌经理**，他们的职责是带领其产品走向成功。他们会重点关注当前业务流程的优劣，仔细检验"那些表面合理的方案组合，并且试图将一些领域有效的方案应用到其他类似的领域上"。品牌经理会**实地**度量这些计划的结果，并返回数据，进而调整团队的工作方式。

注 18：参见 Innovation in Practice 网站文章"Brand Man"。

"在品牌发展情况式微的领域……亲自研究其原因，"他写道，"找到其中的问题……想出解决方案……概述这个方案……准备好……实行该方案所需的所有必要资源……并做好一切必要的记录。"

很快，宝洁以这种新兴职业为中心，对公司进行了重组，麦克尔罗伊继续领导公司。此后，全世界的竞争对手都竞相效仿宝洁。

就像莉莲·吉尔布雷斯和亨利·德雷福斯的工作一样，麦克尔罗伊的"品牌营销人"提议对我们所知的产品设计有着深远的影响。他肯定不会想到，自己的创新还为此后软件的产品管理提供了依据。

事实上，正是一位前宝洁品牌经理于 1981 年将麦克尔罗伊的概念引入了软件行业，他就是斯考特·库克，Intuit 公司的创始人。他们的第一个产品就是 Quicken——你可能听说过。[19]

斯考特·库克：把品牌经理带入技术产业

软件公司从 20 世纪 80 年代初开始逐渐兴盛。随着新产品的开发日渐复杂，工程师的战线拉得越来越长，只要稍不留意，可用性就会被忽视。最重要的是，产品变得越来越以用户为中心。

斯考特·库克是最早一批在科技公司实践品牌经理式管理的人。公司成立之初，他就致力于观察客户的需求，并且做出产品来满足需求。

库克通过在宝洁公司工作的经历中认识到：只有在产品的整个生命周期中不断跟进研究客户的需求，才能保证产品的客户满意度。坚持不懈的研究使他对产品开发的理解达到了极致。[20]

带着这种理念进军软件产业的库克恰逢其时。他认为，对客户的理解不能仅通过间接的材料或是管理人员的幻灯片总结。为了挑战这种老旧的方式，库克会定期进行用户研究，并且推行"调查到家"项目。在这个项目中，Intuit 的员工会前往新客户家中观察其使用情况（首先要征得客户同意）。在那里，他们得以观察新客户安装和使用 Quicken 的真实情况。

同时，他还制作了客户意见卡（每套 Quicken 的包装盒中附带）。他要求公司员工回复客户服务热线反馈的问题，每个员工的电话回复时长要达到"每个月至少 4 小时，公司发布新产品时则当月至少 12 小时"[21]。

注 19：Quicken 是一款家庭及个人财务管理软件，可管理个人及家庭的日常收支、银行卡、支票、信用卡及税务等财务信息。Quicken 的主要市场在北美，第一版发布于 1983 年，最新版为 Quicken 2017。——译者注

注 20：苏珊娜·泰勒，凯西·施罗德，*Inside Intuit: How the Makers of Quicken Beat Microsoft and Revolutionized an Entire Industry*，波士顿，哈佛商业评论出版社 2003 年出版，第 6 页。

注 21：同上，第 73 页。

最终，他要求产品经理关注产品的收益报告以及"业务流程的方方面面……就像产品的捍卫者一样，客户的诉求要贯穿于产品开发和营销沟通环节，以及技术支持环节"[22]。

为什么历史如此重要

我们乘坐时间机器回顾这段历史只有一个目的：说明设计以人为本的理念并不是最近才出现的——而且人类历史中那些最具标志性的、经久不衰的产品也明显是采用相同理念构建的。

另一个目的在于，我想向你描绘这个过程是多么困难。往往需要几百小时的观察，我们才能理解人们究竟在做什么。

大约 30 年后的今天，我们正在见证软件行业产品设计的崛起。其方法论是前人经验的一脉相承——来自那些工业设计师、品牌经理，以及一些领域中的先驱。

这并不是巧合。许多产品正在以史无前例的速度被人们舍弃。我们认识到，如果数字产品想要获得成功，就需要更加重视以人为本的理念。

这是因为互联网和移动技术的快速普及（以及即时配送的发展）已经使很多人变得越来越挑剔。情况变得更难应对，我们客户的注意力持续时长越来越短。人们变得没有耐心，做新产品需要投入过去数倍的努力才能有机会脱颖而出、获得关注。

这种情况意味着，数字产品的设计师需要充分了解客户以及客户面临的问题，明白如何不断地改进产品以帮助客户更好地完成他们想要做的事。而且，如果你足够出色，就可以进一步使他们的生活变得更美好。

接下来，数字产品的设计者需要产出解决方案并将其可视化，为产品注入灵魂、个性特征，并引导工程师、营销人员以及其他必要的人才（实现任何重要的东西都需要这些人）来推进产品的实现。

历史说明了什么

"关注实际胜过一味空想"，这是温斯顿·丘吉尔的一句名言。

这句话是丘吉尔在第二次世界大战中运筹帷幄的基本原则，即使他对英国将赢得战争一直怀有超乎一般的信心。

只要稍微了解丘吉尔和"二战"知识的人都知道，丘吉尔拥有非常强势的性格，有时候甚至会吓到他的下属。

注 22：苏珊娜·泰勒，凯西·施罗德，*Inside Intuit: How the Makers of Quicken Beat Microsoft and Revolutionized an Entire Industry*，波士顿，哈佛商业评论出版社 2003 年出版，第 67 页。

丘吉尔担心他的强势会导致下属在战争期间难以勇敢地汇报坏消息，于是他组建了一个独立于正常指挥系统的机关，这个机关的职责就是原原本本地传递战事中的重要事件。

丘吉尔在战争期间做出的一切重要决定都基于这个中央统筹机关的汇报。该机关由一个平民领导，负责跟踪关键事件的进展，例如飞机的生产和损失情况、军火生产以及进出口状况等。

丘吉尔帮助盟军赢得战争可不是靠空想，而是基于下属的密切观察进行决策。他跟踪分析真实战况，最终迎来胜利的曙光。

这种思想与吉尔布雷斯、福特、麦克尔罗伊、库克的产品理念一脉相承。这些人克服困难，关注第一手的材料、数据，他们对客户情况的理解甚至比客户自己还要**深刻**。

倾听、研究、组织——类似的研究思路来源于一种被称为"民族志"的研究方法。

数字时代民族志研究的进一步发展

民族志研究的重要依据是，研究人员只有融入客户中去，才能真正理解人们究竟在做什么。我们可以通过观察人们所做的事和聆听人们所说的话，获知人们的生活方式。通过这种方法，你会进一步理解人们从各自角度（而非从你的角度）出发的行为。民族志研究能告诉我们，客户可能在什么情景下使用产品，以及情景怎样影响产品在他们日常生活中的相对价值。

在学习这种研究方法的过程中，我有了前所未闻的发现，那是与我从未谋面的两个人——艾米·霍伊和亚历克斯·希尔曼的研究成果。他们的创举助我认识到最成功的产品是利用什么模式找到客户的。

为了创造出人们想要的产品，霍伊和希尔曼发明出一种新方法（基于民族志）：通过专心观察、不带偏见地聆听以及分析人们的行为模式，以不断产生出新产品的思路。

这种创新建立在学者们已经至少使用了 100 年的民族志研究技巧上，学者们起初创立这种研究方法是为了理解与世隔绝的文明（与之相似的出发点：我们则是为了理解客户）。

但如今，我们有更多便捷的工具来实施民族志研究：我们能轻松联系到任何想要研究的用户，我们也可以退居幕后仔细聆听。而我从霍伊和希尔曼的研究中学到，如果可以不带偏见地观察和分析，客户的行为就能告诉我们他们想要得到的是什么。

通过霍伊和希尔曼，我也明白了，如果我们仔细寻找，就会发现：在大量成功产品的案例中，例如 Dropbox、苹果公司、Product Hunt 等软硬件提供者，聆听、研究、组织三原则会反复出现。

现代产品中久经考验的技巧

Dropbox

德鲁·休斯敦创造的 Dropbox 历经多年，一直被封为"最简化可实行产品"的典范。据说，德鲁最初无法为自己的创意——无缝同步文件服务——筹集到资金，于是他在 2008 年做了任何雄心勃勃的创业者都会做的事：制作了一个视频，发布到自己经常浏览的线上社区。

这个视频瞬间爆红，它通过一个简单的登录页面获得了 70 000 个邮件订阅用户（如图 1-6 所示）。[23]

图 1–6
Dropbox 原始登录页面

但是有关此次视频发布的传奇故事盖过了对背后细节的关注，德鲁并不只是**走运**。他的作品恰恰表明他此前充分研究了受众的需求，并把这种理解融入其产品的宣传中。

举例来说，德鲁在视频中加入了许多圈内笑话和典故，只有在这些"线上聊天酒馆"中花了时间的人才能看懂，而他通过这些细节获得了用户的认可。

但更加直接有力的一点是，德鲁使用用户熟悉的语言介绍自己的产品能够解决的问题：

> 我想说的是，如果你曾切换多台计算机工作、U 盘不离身或是在工作中给自己发邮件来传文件，你就能明白，用我的产品能够更轻松地管理你的文件。

> 通常来说，如果我想传什么文件，就必须通过发邮件附件或者诸如此类的方式。但是，Dropbox 有一个特殊的公共文件夹，你放进这里的任何文件都有一个与之关联的 URL。

注 23：参见 SlideShare 网站上的幻灯片"From Zero to a Million Users—Dropbox and Xobni lessons learned"。

幸运的是，回应德鲁视频的 Reddit 用户跟帖仍然能搜到。这些回应确凿地表明，他的营销方式和产品都获得了目标用户的关注：

苹果公司，你们在听吗？ iDisk 就应该这样做。你们此前糟糕的尝试简直是个笑话。

随便什么网站上都能找到这个产品的相关报道，我都数不过来了……

我的奶奶是个老顽固！她用 dd 把照片整理到一个文件夹中，但必须使用 strings 才能搜索她想找的照片。她有时候还得用 grep 软件来管理！真是要疯了。

德鲁由此学到了什么？创造一个产品最大的风险是"做出没人想要的东西"（如图 1-7 所示）。你必须知道"目标用户都在哪里聚集，并且通过一种真诚的方式和他们沟通"，这样才能找到产品的客户。

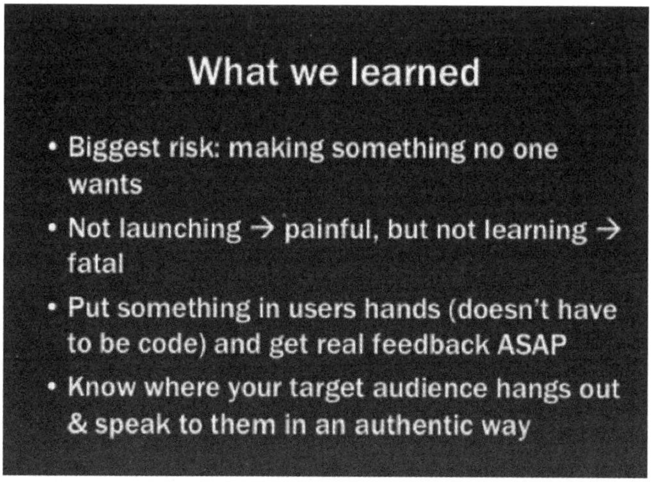

图 1–7
德鲁·休斯敦演讲所用的一张幻灯片

苹果公司

在这里提到苹果公司可能使你感到意外："难道它不是因为特立独行而不需要和客户沟通吗？它不是有一群狂热的追随者会买下它的任何产品吗？"

当然，近几年苹果公司拥有了大量"粉丝"。虽然这家公司拥有众多狂热的追随者，但它的野心不仅限于满足其"粉丝"群体的需求。为了保持竞争力，苹果公司必须倾听用户的声音，并融入用户的世界中去。

当谈起苹果公司时，我们常常会想起足以被称为"完美主义者的倔强"或"边缘型强迫症的体现"的产品轶事。（据传，史蒂夫·乔布斯曾要求把建造纽约苹果专卖店用的大理石板运到他在加州的办公室，他想评估下地板砖的纹理。[24]）这就使我们很难理解与之相矛盾的

注 24：参见 Navi Radjou、Jaideep Prabhu、Simone Ahuja 等人的著作 *Jugaad Innovation: Think Frugal, Be Flexible, Generate Breakthrough Growth*。

事实：苹果公司做产品的方式并不是询问人们想要什么，而是观察人们的行为，以设想如何改变他们的生活。

"我们不做市场研究，"乔布斯如此说道，"你不能就这样走出门问别人下一个重要的产品会是什么。"[25] 我们经常把他的言论误解为，苹果公司仅仅相信自己的品味和商业嗅觉，并以此决定要构建的产品。事实上，乔布斯想说的是，你无法通过询问客户来弄清楚如何更好地为其服务，而需要通过观察客户来研究如何更好地提供服务。

乔布斯"自己的研究和直觉（而非焦点小组），是他前进的向导"[26]。我们中没有人能变成史蒂夫·乔布斯，但我们可以从他的实践中学习。乔布斯没有通过送用户星巴克礼品卡或请用户吃午餐来获得对方的意见和反馈，他也没有通过群发邮件调查来弄清楚接下来该做什么产品。乔布斯会分析研究人们如何使用科技产品，探索如何为人们带来快乐，而且会重点注意什么会使人们怒不可遏。

我们在其他苹果公司员工的身上看到了和乔布斯类似的实践。20 世纪 90 年代，米奇·斯坦担任苹果公司的人机交互技术总监，就是他创造了"用户体验"这个词。他将用户体验解释为一个非常类似的过程[27]。

> 关键在于此。首先，同化：不要询问用户他们想要什么，而应该走出办公室到他们的生活环境中去，然后真正成为产品的使用者。这个过程中，你要放宽视野。这么做不仅仅是为了解决你面临的某个问题——你需要理解他们的文化背景、什么能给他们激励等诸如此类的因素。我知道这听起来很煽情，但真的很管用。

Time Machine、最初的 iPhone 以及 iPhone 6 是苹果公司观察性研究的三个最重要的成果。

Time Machine

在苹果公司这个软硬件巨头的产品池中，Time Machine 是人们最容易忽视的部分之一。Time Machine 并不花哨，它内置于苹果公司产品的桌面操作系统，只有你真正需要它的时候才会凸显出其重要性。

这正是这个产品的优点所在。它解决了我们所有人使用数字存储器时都会遇到的痛点：如果你的硬盘损坏了该怎么办？

史蒂夫·乔布斯在 2008 年的 OS X Leopard 中引入了 Time Machine。 下面是他的宣讲词（如图 1-8 所示）：

注 25：参见《财富》杂志网站存档页面 "Steve Jobs speaks out—On Apple's connection with the consumer (2)"。
注 26：参见《纽约时报》网站文章 "Steve Jobs of Apple Dies at 56"。
注 27：参见 GeekWire 网站文章 "Advice from a former Apple director who coined the term 'user experience'"。

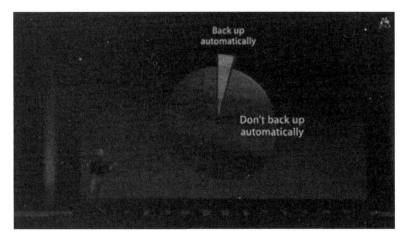

图 1–8
史蒂夫·乔布斯
2008 年介绍苹果的
Time Machine 功能

我们的计算机存储的不仅仅是工作文件，而且还包括我们的数字生活。现在计算机中存放的一些东西——以前被存放在对自己而言宝贵的鞋盒里——永远都不会忽然失踪。哪怕你只丢失了一张珍贵的照片也会很难过。想象一下，如果计算机里的整个照片库都丢失了会怎么样……但事实上几乎没有人会主动备份自己的计算机。我们中谁都没有这么做过。

我们仿佛带着定时炸弹前进，指不定什么时候，系统出错或某些信息错位、不小心删除某个文件或者更糟的情况就会发生。

这就是 Time Machine 想解决的问题。我们想消除这个隐患，用一种简单的方法，所有人都知道怎么用。

乔布斯怎么知道人们已经不再用壁橱中的鞋盒存储相片，转而开始使用自己的计算机硬盘呢？他怎么知道人们会希望计算机拥有备份恢复功能呢？他的秘诀就是，完全融入用户中去。

Time Machine 从此出现在 2008 年之后的每一版 OS X 系统中，它还启发了 iCloud 备份和 iCloud 照片库等产品的构建。

iPhone

我们都有手机，但我们讨厌手机，因为它们很难用。软件很糟糕，硬件也不怎么样。我们问过朋友，他们也讨厌自己的手机。每个人似乎都讨厌自己的手机。[28]

虽然问过"朋友"和家人，但苹果公司并没有让他们的客户去想象 OS X 系统在移动电话中的样子。如果你任职于苹果公司，就能接触到音乐、视频、移动电话以及计算机领域的专业人士。这些专业人士沉浸于苹果公司的环境中，交流彼此的疑问、需求、渴望以及做

注 28：参见《财富》杂志网站存档页面 "Steve Jobs speaks out—On the birth of the iPhone (1)"。

出决定的过程，他们常常能提出一大堆"为什么"。但他们不会因为在苹果公司工作的同事专业的观点，就忽视对普通人需求的关注。

乔布斯在一次采访中说道，创造 iPhone 的决定可以被分解成这样简单的几步：[29]

> 我们讨厌什么？（我们的手机。）我们能用技术做出什么？（内置 Mac 的手机。）我们想要什么？（你猜得没错，一台 iPhone。）

iPhone 6 和 iPhone 6 Plus

让我们快进到 2014 年。那是一个早已不同于 2007 年——初代 iPhone 发布——的世界，更大的屏幕尺寸已经变成移动场景下的主流外观。而令 iPhone 用户大失所望的是，苹果公司仍然固守 2012 年发布的 iPhone 5 的 4 英寸[30]屏。

但是苹果公司也在倾听大众的需求。一次外泄的业绩汇报 PPT 表明，苹果公司已经研究了至少一年的时间。公司的增长率放缓，最大的需求缺口在于屏幕更大、价格更低的手机市场。而竞争对手正在投入"骇人"的资金量以抢夺市场份额，并不断提高其产品的硬件配置。汇报中的一页幻灯片宣称"客户想要我们当前没有的产品"（如图 1-9 和图 1-10 所示）。

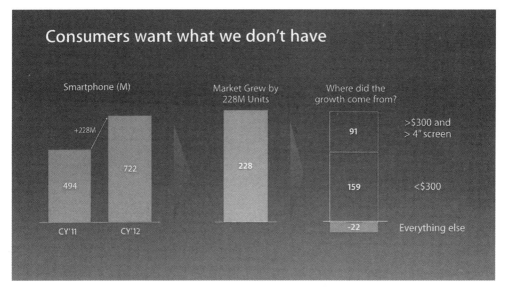

图 1-9
从苹果公司泄露的汇报幻灯片展现了市场对屏幕更大的手机的需求

注 29：参见《财富》杂志网站文章"What makes Apple golden"。
注 30：1 英寸约为 2.54 厘米。——编者注

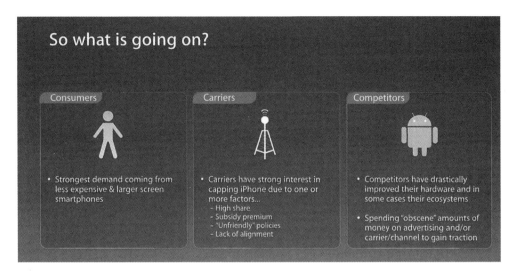

图 1-10
苹果公司的汇报幻灯片概述了 iPhone 身处的竞争环境

一年之后，苹果公司替换了整个 iPhone 生产线。之后发布的 iPhone 6 和 iPhone 6 Plus 分别支持 4.7 英寸和 5.5 英寸显示屏——几乎比 iPhone 5 大了 1 英寸。

结果如何？ iPhone 6 发布后，苹果公司实现了前所未有的盈利，比上一季度 iPhone 销售量高出了 57%（共售出 7450 万台手机）。而 Android 阵营手机的出货量出现首次下降（如图 1-11 所示）。[31]

Smartphone Unit Shipments by OS World Market: 3Q 2014 to 4Q 2014				
Operating System	**Shipments**	**3Q 2014**	**4Q 2014**	**QoQ Growth %**
Android	(Millions)	217.49	205.56	-5%
Forked Android (AOSP)	(Millions)	85.47	85.00	-1%
iOS	(Millions)	39.27	74.50	90%
Windows Phone	(Millions)	9.02	10.70	19%
Others	(Millions)	3.18	2.34	-26%
Total	(Millions)	354.44	378.00	7%

Source: ABI Research

图 1-11
发布 iPhone 6 和 iPhone 6 Plus 后，苹果公司及其竞争对手的销售数据

注 31：参见 Charles Arthur 的博客文章 "Android OEM profitability, and the most surprising number from Q4's smartphone market"。

但设备只是苹果公司产品的一个方面。这家公司一直以来都以硬件和软件的密切整合而自豪，所以我们有必要注意到苹果公司在软件研发投入上的减少——正如交互设计专家唐·诺曼所言。他曾经在苹果公司建立了用户体验架构办公室，后来升职为苹果公司高级技术部门的副总裁。诺曼写道：

> 我曾经以在苹果公司工作而自豪，并以苹果公司在产品的易用性和对产品的理解方面的声誉感到骄傲。但遗憾的是，如今这些特质正从苹果公司的产品中迅速消失，它们现在更重视精致的外观，即设计师们所谓的"风格"。
>
> 苹果公司已经将其产品平滑、极简的外观作为根本，其结果就是牺牲了易用性、易懂性，以及不用看说明书就能完成一些复杂操作的直观性。
>
> 如今苹果公司的产品确实美观，但我们中的很多人使用时会感到困惑。字体看起来很漂亮，但难以阅读。"可发现性"原则已经被忽视。很多情况下，想知道该怎么做就只能记住操作流程。[32]

Product Hunt

Product Hunt 起初只是朋友或同事之间用来分享和跟踪新科技产品的邮件列表，现在已经成为新产品发布以及投资者寻找新的种子选手的绝佳去处。

赖恩·胡佛过去经常在各种论坛和社交网络上被大家反复询问他对于新产品的看法，受此影响，他创办了 Product Hunt。[33] 胡佛花了很多时间撰写那些新产品的评论，但他的评论文章大多分散在各个站点。因此他必须抓取 Reddit、Hacker News、TechCrunch 以及 Twitter 等站点的内容，才能纵览他想阅读的全部新闻和讨论。

胡佛意识到其他人也有相同的需求。[34] 与他类似的产品发烧友每天会花数小时浏览搜寻这些网站，其中包括科技产业投资人以及迫切希望与有意愿客户建立联系的创业者。

> "你正在用哪些感觉很棒的新产品？"我们都问过别人这个问题。这是一句常见的开场白，特别是在创业社区。我特别喜欢这个话题——我痴迷于研究产品、解构其设计，以及和聪明人一起交换观点。但这些对话不止是为了娱乐消遣，更是很棒的学习机会。理解优劣产品的微妙差异对于产品构建者来说是至关重要的。

通过融入产品的目标用户群体中，胡佛发布了 Product Hunt 的早期版本——一个简单的邮件列表。他联系了那些他认为会对此感兴趣的人。

注 32：参见唐·诺曼个人网站（jnd）上的文章"Apple's products are getting harder to use because they ignore the principles of design"。

注 33：参见 First Round Review 网站文章"Product Hunt is Everywhere—This is How It Got There"。

注 34：参见《快公司》杂志网站文章"The Wisdom Of The 20—Minute Startup"。

多年来写博客、积累人脉以及做 Startup Edition 这样的项目使我拥有了受众和众多的支持者。"创业"（startup）这个词是具有欺骗性的。成功的公司不是一蹴而就的，成功背后往往是多年积累的经验以及他人的帮助——二者都是需要耕耘的。[35]

一年后，Product Hunt 就宣布获得了来自安德森·霍洛维茨的 610 万美元 A 轮融资。[36]

那又如何

以上的内容又如何能帮到你呢？在了解了诸多历史之后，这能如何帮你走出盲目的尝试 - 失败循环？

你不必为失败统计数字再添一员，也不必成为"快速试错"文化的一部分。你可以使用在前人那里奏效的原则来改变科技产业的轨迹，这些原则的使用者包括德雷福斯、吉尔布雷斯夫妇、麦克尔罗伊以及库克。

不能仅凭如今的技术能够轻松普及或快速取得认可，就认为人们已经同过去大不相同。人们还是会遇到难题，而且他们还是需要别人帮忙解决难题。

如果你赞同我的看法，那么你会非常喜欢下一章的内容。我们将探索销售情况考察。这种现代版民族志研究由两位受够了试错文化的创业者发明，是一种全新的线上研究观察形式。

准备好了吗？我们继续向前吧。

可分享的笔记

- 将产品"快速试错"并不是创造产品的唯一方法。事实上，它和已经存在了 100 多年的创造产品的方法格格不入。"快速试错"是一种相对较新的思想，它是随着当今世界科技的发展、传播能力的空前进步而产生的。
- 我们可以在 20 世纪的产品先驱身上追溯到现代数字产品设计的起源。莉莲·吉尔布雷斯、亨利·德雷福斯、尼尔·麦克尔罗伊以及斯考特·库克，他们中的每个人都在自己的领域进行了大量艰苦的用户研究，并利用研究成果塑造了他们的产品。
- 民族志研究的重要依据是，研究人员只有融入客户中去，才能真正理解人们究竟在做什么。我们可以通过观察人们所做的事和聆听人们所说的话，获知人们的生活方式。通过这种方法，你会进一步理解人们从各自的角度（而非从你的角度）出发的行为。民族志研究能告诉我们，客户可能在什么场景下使用产品，以及场景怎样影响产品在他们日常生活中的相对价值。

注 35：参见《快公司》杂志网站文章 "The Wisdom Of The 20—Minute Startup"。
注 36：参见 TechCrunch 网站文章 "Product Hunt Raises $6 Million From A16Z"。

- Dropbox、苹果公司以及 Product Hunt 因为对目标用户有了深刻的理解，所以能打造出精准服务用户的产品。

现在动手

- 花点时间研究莉莲·吉尔布雷斯、亨利·德雷福斯、尼尔·麦克尔罗伊以及斯考特·库克。阅读他们的作品并研究其设计方法，欣赏他们最终创造的产品。
- 下次观看苹果公司发布会时，听听它的员工如何介绍自己的产品。他们从哪里获得想要的信息？他们提供了哪些数据？仔细研究这些演讲的措辞，能让你学到一些研究的方法，认识到研究的价值所在。
- 只询问别人的想法而不观察他们的实际行动是个错误。如果你想知道关于这方面的警示故事，请读玛格丽特·米德的《萨摩亚人的成年》，了解作者其人以及围绕其研究成果产生的争议。

访谈：基南·卡明斯

基南·卡明斯是一位具有产品思维的设计领袖和战略家、作家、业余插画家，现于 Airbnb 担任产品增长负责人和设计部经理。他是 Wander 的创始人之一，Wander 于 2014 年被雅虎公司收购。

为了探索产品设计的"实用定义"，你曾适时做过一些富于思想的阐述。是什么驱使你探索这个新兴领域的意义，你又学到了什么？

过去的一年半中，我一直在探索这些概念。我曾从事传统平面设计（营销、品牌、广告、印刷等）约三年半，但传统平面设计工作的性质无法让我满足。当设计的核心目标永远都是"把更多其他的产品从货架上挤走"时（对这个行业不太公允的一种概括，但这确实是我当时的感受），你就经常会希望了解更深刻的东西。我发现这个（人们称之为产品设计的）领域中有一些工作既可敬又有趣。

于是我几乎全身心投入这个领域中，转行初期不太稳定，我和家人都承担了较大的风险。那是一个"摸着石头过河"的时期（现在也差不多），于是产品设计逐渐变成我的主业。我们在产品中投入的努力越多，这个定义就变得越充实。我知道产品设计覆盖的领域比我曾经从事的更广阔了，但现在我也懂得了——如何从零构思、构建一个产品。

我的作品不过是按部就班写就。有些设计师同行对产品设计的看法似乎有点离经叛道。他们的观点就像我以前所做的那种设计工作一样：范围和视野都很狭窄，而且会被团队中几个带有头衔的人把控。

为什么产品设计如此难以形容？是什么让它"难以捉摸"？这是因为它是一个特别新的领域，还是因为它包含了特别广阔的技能（或者两者兼而有之）？

产品设计感觉上好像是有形的。我们做的是一个个工具。但单独来看，这些工具不是产品。产品会塑造、鼓励、引导以及改变行为。锤子是一个有形的、人造的、经过审美考量的工具，但锤子所创造的东西也是手臂的延伸产物——一种赋能。产品设计很难精确定义，因为它很复杂。这里面有一些规则、100 万个变量，以及永远都无法预测的结果。

设计师总是在控制设计叙事、塑造用户的感知，或者带领用户体验整个产品。但产品设计师必须放弃这种控制权，从而让设计过程变成观察与回应。你可以看到，为什么一个总是以相关硬技能标榜自己的行业（想想我们学科的传统符号：凸版印刷、标尺、修补刀片、贝赛尔曲线）进行带有行为、愿望、冲动以及激励的设计时会茫然不知所措。前者是那么具体，而后者犹如雾里看花。

同时我发现，设计师想要全权负责产品设计。但因为产品设计涉及的知识面过于庞大，所以它对很多学科都是开放的。我们习惯于自诩为创造风尚（"品味"这个概念正是产品设计流程的毒药）和具有远见的人。我们也不需要因此就将设计工作全部拱手让于别人，我们只需要乐于与他人分担这份责任。对产品设计师而言，最重要的技能似乎是理解他人。而著名的排版设计师或插画师在这方面并没有什么得天独厚的优势（虽然我承认设计师在这方面相比普通人具有一定优势——稍后详述）。

一个人如何才能真正成为"文化人类学家"，从而发现诸多行为模式，并理解行为背后的动机呢？

就像我之前说过的那样，产品设计就是试图去理解他人。我们需要有所突破，即走出我们的舒适区，避免种种成见。

你需要一直挑战自己已经形成的世界观。人们往往与你想象中的不一样。我当前认同的唯一观点就是约翰·克里斯·琼斯在其著作 *The Internet and Everyone* 中提出的："如果我们今后还有机会从事产品设计，那么无论设计任何产品，都不应该假定人们是麻木愚蠢的。"

但这还只是设计的前期观察部分。发现和理解动机是一个共情的过程，我将共情作为"设计师在学习产品设计方面的优势"。设计其实就是一种共情的实践，这个过程将文化与变化着的思想相融合，以提炼出有趣的东西。设计师能够轻松地做到这种融合提炼。他们从事设计亦是为了传播其思想，他们也很善于创造易于传播的东西。这些都多亏了共情的作用。他们走出了自己的舒适区，才做出了打动人心的东西。

而"品味"会终结共情。当你积累了足够的文化影响力，觉得思想和文化的融合应当听从内心，就产生了自己的品味。这时，你就会停止观察他人，不再接受外界的影响，你把自己视为灵感的源泉。这种微妙的认知变化，很容易被忽视。但逐渐地，你的创意源泉会干涸，好点子越来越少，逐渐陷入枯燥的重复。但文化会继续发展，它充满活力、永不停歇，而你只能卖弄老旧的知识。这就是有了"品味"的后果。

人们经常将"产品设计"和"创业"画上等号。产品设计和创业之间有什么区别？

我们很难在二者之间划清界限。大部分创业者要想获得成功，都需要做出某种形式的产品设计。但启动和运营一个企业和设计一个产品之间是有区别的。我可以下周就去开一家家具店，遵从陈腐而精明的商业惯例即可。我将面对的挑战可能包括库存、运营以及销售。对于某些创业者来说，应对这些挑战就足够了，并不需要费心设计什么。

但如果我不追随这种陈腐的方法，那么我就可以成为宜家那样的家具公司。你可以想象宜家公司总部被分成两部分，一部分是商学院毕业生在做运营，而另一部分是艺术家在设计填满货架的新产品。但宜家之所以能有今天的规模是因为，它在运营层面上并不是由一群商人主导。这是一家由产品设计师主导的公司，他们不断地在思考设计、运输、布置以及销售家具的新方式。

不考虑产品设计的创业者一样可以做好生意，但类似的生意往往没有趣味可言。商业头脑和产品设计的结合使公司能够做出一些改变，吸引更多客户。

你试图理解客户并为其构建产品时会采取哪些方法？你如何揣摩他们的需求与期待，又如何以此为基础进行产品构建？

我在更加正式的场合做过客户研究。我曾经坐在双面镜背后，观察上百位用户回答同一组问题。那是关于药品包装设计的研究，包装说明需要使大多数人可以看懂，这样才能拿到FDA 的生产批准。那次研究任务繁重。

这种类型的研究有其用武之地。但我认为，大多设计师理解一个问题往往通过更加自然的过程——从自己身边不刻意的状态中学习、理解。他们会被特别的、有趣的现象吸引。你可能会把这看作一种外向型的活动，但思考是在内心发生的。（虽然很多设计师——包括我——在社交方面都是比较内向的。）

我会对各种有趣的东西充满好奇心。我从一开始就想找到那些有趣的东西，然后与他人分享。我现在仍然会这样做，常常会痴迷于某家汉堡包店或者某个牌子的鞋（有点难为情）。但在某个时刻，你意识到你可以做出一些有趣的东西，而最简单的方法就是给现有的产品重新设定一个目标，进行再设计。与其制造一种全新的东西，不如试试模仿、混合，直到得到一个和其他有趣事物类似的产品，它的完整性要足以独当一面。

具体来说，我阅读、欣赏，并且收集这些文化的点滴组成，然后尽我所能地体会它的内涵，尽量不错过任何有趣的点。这并不简单——我总是忍不住想要深入研究它们——但如果你真的收集、研究了足够多的有趣事物，这些经历就会在你的作品中体现出来。

第 2 章
如何创造人们想要的产品

避免"以自我为中心的产品开发"

"你发布了产品……但没人愿意买单怎么办?"

当年就是这句话吸引我报名参加了 30×500 训练营——学习如何创造和销售自己的第一个产品。可以说这个决定改变了我的一生。

在训练营结业后不到 6 个月的时间内,我从零起步做出了两个产品,结果比我此前待了 5年的那家获得风险投资的公司赚得还要多——虽然我产品的客户数量没有那家公司庞大。

这正好验证了 30×500 方法:它迫使产品创始人直捣产品生存的核心——**找到一位客户**。

然而,这种观点并不新鲜。彼得·德鲁克在差不多 50 年前就曾说过:"企业的目的就在于创造客户。"[1]

这句话直指要领,揭示了技术圈大多失败产品的原因所在。

事实上,这也是推动霍伊和希尔曼建立 30×500 训练营的原因之一 ——他们要驳斥"以自我为中心的产品开发"理念:仅仅因为某个产品或商业创意是你想出的,就认为它独一无二。

这种谬见会导致你最终的失败。这是因为你只能漫无目的地尝试,碰个头破血流,最终也无法如愿以偿地找到奏效的方向。霍伊是这样阐述的:

注 1:彼得·德鲁克,《管理的实践》。

> 很多企业的关键问题在于，它们建立在创始人一厢情愿的想法之上。他们将自己幻想成英雄："我打算骑着我的'软件'白马拯救这些受苦的大众。"

他们的培训项目始于 2011 年，却已经产生了令人惊叹的成果。那些这辈子从来没有创造过任何产品的学生，学习了 30×500 框架之后，在接下来的几个月就取得了上万美元的收入。有些产品新手几个月之后就实现了 5 位数的固定收入。训练营存续期间，从这里走出去的学生在产品销售额上的总收入已经超过了 200 万美元——尽管该课程招生的名额极其有限。

他们的核心教义之一就是，如果主要根据**你**自己的想法创造产品，那就是把产品聚焦在完全错误的方向上了。你这么做时，主要的成果就变成了"你创造的那个产品"，而不是你的产品能为别人做什么。

以自我为中心的产品开发全然不顾前人探索出的成功产品的炼成之道。这是因为，正如我们之前研究过的案例所表明的——孕育一个产品概念的过程其实就是一种倾听用户的过程。如果你不知道产品的服务对象是谁、他们需要什么，那么所谓的构建产品无非是另一种形式的投机罢了。

但**精益创业**所推崇的"构建 – 评估 – 学习"反馈循环难道不能解决这个问题吗？难道在用户调研中用"最简化可实行产品"来"验证"你的想法是不对的吗？

30×500 训练营背后的方法论公开挑战了科技领域家喻户晓且司空见惯的常识。"用户测试""最简化可实行产品"以及"转型"的概念已经成功融入创业文化。虽然资金和人才不断涌入科技创业公司，而且近几年偶尔出现了 Facebook、LinkedIn、Airbnb 这样高调的成功案例[2]，但创业公司的消亡并没有放慢脚步。互联网领域纵然有容易获得的大量现金流，但消亡的科技公司中，有 70% 来自互联网领域。

精益创业框架中的"准备 – 开火 – 瞄准"方法的核心原则就是，认为只要通过了解客户的需求，就能为产品带来客户，**并且**确保团队做出合适的产品。

但这种看法具有内在缺陷，因为这么做将依赖于：

- 你是否有能力避免自己的成见，以及能否在正确的时间向正确的人提出正确的问题；
- 你的潜在客户必须理智、敏感，了解自己的行为习惯，且能详细表达出他们的痛点所在，以及什么特质会让他们感到喜悦；
- 你必须能接触到这样一群人，他们不会察言观色地说你想听的话，而且在访谈之后也不会因此调整自己的习惯。

希尔曼认为，这种谬见就像将动物园的狮子和野生的狮子一视同仁：

注 2：参见 CB Insights 网站文章 "The Exceedingly Rare Unicorn VC"。

想想动物园中的狮子，然后想想你在非洲野外看到的狮子。严格来说，你两次看到的都是相同的动物，但它们在野外的行为和被囚禁时的行为是不一样的。

你不会根据动物园中的狮子判断**大多数**狮子的行为，因为**大多数**狮子可不是在动物园里。[3]

那么，如果你像在野外观察狮子那样观察你的客户呢？如果创造一个新产品的过程**不是**精益创业模型所说的充满"极端不确定性"的实践呢？

你会知道你的客户面临的问题。你会知道什么让他们高兴，他们如何与彼此交谈。你会确切地知道讲什么以及怎么讲才能激起他们的兴趣。而且最终，你会知道如何使他们想要用你的产品。

这种方法为 30×500 现代民族志研究奠定了基础。它被恰当地称为"销售考察"（sales safari）。这一研究体系观察你的客户当前在做什么，再以他们的行为习惯为基础形成新产品的概念。

现在，我们来了解一下销售考察。

用销售考察确定产品概念

进行销售考察的过程就是找到容易被人们忽视的产品创意。这种方法通过研究潜在客户来得出想法，为一连串产品的成功打下良好的基础。销售考察借鉴了莉莲·吉尔布雷斯和亨利·德莱福斯的研究方法，其发明者艾米·霍伊也将此方法称为"网络民族志研究"。

她说道："销售考察是一种'网络民族志研究'，并结合了细致的解读和共情步骤，这是一种逐步对客户产生共情，以求理解他们的方法。"

如前所述，民族志研究的重要依据是，研究人员只有融入客户中去，才能真正理解人们**究竟**在做什么。通过观察人们的言行，你会进一步理解人们从各自的角度（而非从你的角度）出发的行为。

为什么这在创造产品时很重要？因为这种观察能启发我们理解两个最重要的点：客户可能在什么情景下使用产品，以及情景怎样影响产品在他们日常生活中的相对价值。

霍伊说："关键是先去观察他们（你的客户）当前在做什么，你不是去说服素食者购买奥马哈牛排。你是通过网络了解他们在真实生活中到底会做什么、阅读什么，彼此之间会分享什么、讨论什么问题，会因什么事情而求助，以及如何互相帮助。"

销售考察与其他研究不同的一点是，它完全是在线上进行的，原因如下。

注 3：参见 Stacking the Bricks 网站文章"Validation is backwards"。

便捷

你几乎可以在不离开座椅的情况下，访问地球上任何一个独一无二的线上社区。

速度

线上研究可以使用诸多方便的工具，比如搜索引擎、复制粘贴功能，等等。线下研究则更难实施，而且如果想要减少调查者对研究对象的影响，就更难做到了。

记录可靠

与人们在"现实世界"中谈话时，你要么需要良好的记忆力，要么潦草地记下笔记，要么略有冒犯地录下你们的对话。但对线上的资料、信息，你可以随时参考、解读。

事后分析

线上研究使人们可以"避免将研究者的解读和被访者真正说过的话混淆"，30×500的联合教师亚历克斯·希尔曼说。

距离

研究者不去现场会减少对研究目标自我表达的影响，而且也会避免研究前的宣讲（research pitch）—— 一种在询问别人需求时附带的推销行为。希尔曼说："人们不需要知道你在那里看着他们，虽然这听起来有点不合适，但这样做是有原因的。你可以把这看作职业需要，你观察他们的行为时，他们不需要知道你的存在。"

视野

毫不夸张地说，你几乎可以访问整个互联网，在特定受众群体中寻找目标。你的视野不会被局限于本地见面会或用户小组中，你可以在全世界范围内充分了解一类用户的痛点。

销售考察需要与客户保持一定的距离，为的是减少访谈带来的错误引导作用，以及避免访谈者的存在过多影响目标用户。民族志研究领域中，这也被称为避免"玛格丽特·米德错误"。她的故事具有警示作用，而且很好地证明：如果你离研究对象太近，那么真实情况就可能会被歪曲。

1928年，人类学家玛格丽特·米德完成了《萨摩亚人的成年》，她研究的是萨摩亚少女的生活，比如她们如何成年、她们的家庭结构，等等。

简单来说，米德和村民们居住在一起，并且询问他们的生活情况、倾听他们的故事——很多故事后来被证明是那些十几岁的研究对象编造的。她轻信了她们的话，并没有实地观察她们的行为。[4] 几年后，人类学家德里克·弗里曼回到这个村庄，米德研究中的那些少女此时已经上了年纪，她们承认自己因为觉得好玩而编造了故事。[5]

注4：参见美国国会图书馆（Library of Congress）网站页面"Samoa: The Adolescent Girl—Margaret Mead: Human Nature and the Power of Culture"。

注5：参见维基百科词条"Coming of Age in Samoa"中的"The Mead—Freeman controversy"部分。

这就是原因所在——要想创造出能够招揽客户的产品，核心要素就是**观察**别人，而非询问别人。要创造出能够吸引客户的产品，关键就在于发现客户的**痛点**。

创立销售考察的目标就是为了找出人们的痛点。这是因为只有找出人们遇到的难题，才有可能将其解决。

霍伊说："人们一直以来都努力回避遇到的难题，因为他们不认为自己有办法解决，但你得向他们承诺：'嘿，这是你当前的难题。问题不小，但我们可以一起解决它。'"

痛点和难题通过观察和共情就能发现。这不是什么花哨的概念，也不够石破天惊。但这是一百多年来创造成功产品的核心要素。

通过使用现代的诸多线上工具，销售考察可以帮你发现用户群体的行为模式。

希尔曼说道："如果有人上网向一群陌生人询问如何解决自己的难题，（这就是）一个很强的信号，说明他们已经不堪忍受。即使那对你而言并不是什么大问题，你也许会说'哦，这很简单嘛，如此这般就能迎刃而解'。你怎么看无可厚非，但显然他们仍然毫无头绪，否则就不会提问了。"

那么销售考察如何帮你发现困扰他人的难题？这种方法如何帮你创造出大多数人青睐的产品？

销售考察通过"大量"的观察来支撑。这就意味着你不是只需要几小时来研究，而是要花几十乃至**上百**小时来分析产品受众。

当然，要开始分析，意味着你已经做了一些前期工作，通过调查得知产品受众或客户上网时喜欢干些什么。例如，他们经常逛什么论坛？经常使用什么邮件列表？关注什么链接分享网站？如何回复客户支持邮件？在产品评论中都写了什么？

然后就是霍伊所说的需要"仔细解读"的时候了——这一步研究是指分析文本中隐含的意思。当你仔细解读时，你聚焦于人们表达的方式、看待世界的方式，或者争论特定问题的方式。[6]

但我们这么做可不是为了文学方面的研究，而是为了理解人们想要什么。

当我们为了理解**用户**而仔细解读他们的表达时，就会得出一系列数据点，从而进一步发现模式。

希尔曼有言："你能收集到一些行话，即他们描述问题时使用的一些惯用语。你还能了解到他们的世界观，以及他们根深蒂固的观点。当然，还有他们讨论、推荐的产品，以及他们已经购买的产品。"

注 6：参见 Harvard College Writing Center 网站文章"How to Do a Close Reading"。

一开始这么做可能会令人吃不消。至少，在我最初将设计师作为产品受众研究时，工作量就颇为巨大。但在学习销售考察过程中的发现使我最终写出了这本书，并做出了两个成功的产品。

说实话，这是一项艰苦的工作。一转眼就过去了几小时、几天。你要一个页面接着一个页面地过滤筛选网上的内容，但这是人们通常不愿意做的工作。这是因为把产品概念建立在屈指可数的几个数据点上是如此容易——咖啡店的几次采访或者亲友的想法就足够应付了。

但销售考察的作用在于，它是一箭双雕的体系：收集大量数据，并帮助你分析这些数据。

霍伊曾指出："（人们）一旦获得某个数据点或者某个潜在客户后，就会想：'好吧。就是这么回事吧。我开始做（这个产品）吧。'这样必败无疑。你必须把现在正在做的研究一直做下去，直到研究透彻为止。这些工作也许暂时望不到头，但突然某一天，你就会拨云见日、豁然开朗。人们总是喜欢依据某个数据点贸然行事，因为这不需要任何额外的努力，而且自我感觉良好。但这实际很糟糕，是个坏主意。"

收集大量数据点意味着，你会逐渐注意到模式正从每日的研究记录中显现。接着，你将能够给它们分门别类：你的受众如何看待这个世界？他们喜欢琢磨什么？他们如何表达自己？他们使用什么产品？

最终，你会注意到其中最为重要的元素：产品潜在受众的痛点所在，且由受众的语言描述而成。

如果你可以对一个群体产生共情、创造出他们想要的产品，并且用他们的惯用语来推销，结果会怎样？这就像是产品概念的不竭创意之源。

正如霍伊所言："这个过程的本质是弄明白，究竟是什么困扰着用户，再将解决问题的方法以一种体贴的方式告知用户，接着向他们提供帮助及支持。"

而且，反复应用销售考察后，这种方法会帮助你跟踪用户是如何逐渐改变的。用户的品味在不断地演变，他们的困扰也随之改变，新的痛点随时会出现。

理论上来讲就是如此简单，但只有将其付诸实践，你和你的产品才能真正从中获益。

划分痛点

进行销售考察的过程中，要想筛选收集到的所有原始数据可能会很困难。你应该会将很多重要发现记录在文本文件或者便利贴上。但我还有一种更好的方法，能够将数据可视化。

接下来，该痛点矩阵（如图 2-1 所示）出场了。这可不是什么中世纪的酷刑装置，而是我发明的一种可以帮助你厘清研究材料的方法。你还可以借助它让你的团队更好地理解客户。这也能帮助你把注意力集中在客户的痛点上，理解什么能让他们开心，以及聚焦于你的产品概念。

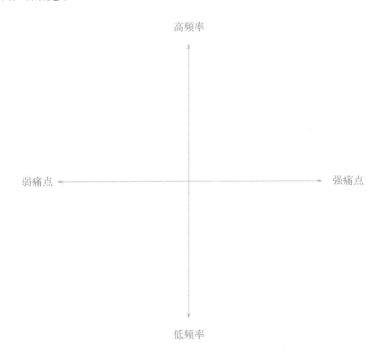

图 2-1
痛点矩阵，最初是为了满足我的研究需要而做，这是一种过滤和筛选销售考察材料的简单工具

请重点注意痛点矩阵的以下特性。

- 横轴，从左至右，代表用户痛点强弱的度量。他们提到了什么痛点？痛点强弱如何？
- 纵轴，自下而上，代表该痛点出现的频率。在你的研究材料中，客户提及该痛点的频率是高是低？

将痛点在这个矩阵中排布，总共有 4 个象限。

右上

经常出现的、强烈的痛点。如果一个产品可以缓解你的受众在这个象限中的困扰，那么这就是你能为产品受众带去最多喜悦的地方。

右下

不经常出现的、但是强烈的痛点。这个类别中的产品可能属于"锦上添花"一类的，如果处理得当，你的受众会感到惊喜。

左上

经常出现的小痛点。这个类别中的产品可能会解决一些小问题，比如管理中的小挑战，或者经常被人们称作"它本就是这个样子"的问题，这样的产品可以为客户带去"较小的成就感"。

左下

不常出现的小痛点。当你沉浸在数据细节中时，它可能看起来像是一个机会点；但当你退后一步看得更广阔时，就会发现，这其实是个成功机会很小的产品。

4 种象限的痛点问题对应产生特定类型的负面感受，具体如下。

右上

憎恶、恐惧、焦虑、力不从心、责备自己愚蠢、陷入僵局、浪费宝贵的时间。

右下

拖延、自我怀疑、内疚。

左上

略微气恼、厌恶。

左下

无聊。

诚然，完成所有这些分类工作需要时间，但你由此得出的成果是相当有价值的。你会更有信心，因为你知道自己能做出别人想要的产品。你会找到构建正确解决方案的最佳捷径，而且不会被"快速试错"这个概念左右，因为失败不再是产品创造过程的必经一步了。

产品设计师的工作

（设计师）自豪于经验磨砺出的技艺，以及有时被解读为"视野"的警觉。他解决每个难题时，都做好了艰苦研究、彻底实验的准备。他有能力与工程师、建筑师、物理学家、室内设计师、着色师以及医生进行专业的协作。他必须懂得产品应该做到何种程度。他有时必须兼任工程师、商人、推销员、公关专员、艺术家，甚至有时还得兼任印第安首长。他秉承的理念是"合适的总比新颖的要好"，因此他总是在大胆和细心之间拿捏分寸。如果商品销量堪忧，那么其设计师就没有尽到自己的职责。

——亨利·德莱福斯，《为人的设计》

排除以上引用的言论中可能不合时宜的要求，德莱福斯所言也就很贴近现代数字产品的设计了。

如果我们承认数字产品的目的就是要服务于客户（在我们一起了解了以上这些历史之后，我希望你能做到这一点），那么产品设计师的主要职责就是要理解他们选择的服务对象。

一旦身居其位，产品设计师的职责就是要设计出能够向用户提供最佳服务的产品，并且在此过程中承担大量协调的任务，推动合适的产品顺利发布。

但是，设计师也很容易陷入技术圈自以为是的感觉中无法自拔。毕竟在某些圈子中，产品设计要的就是"光鲜""美观""有型"。

销售考察让我们理解了，一个产品的构建过程必须是时刻考虑客户的，而且产品必须履行、贯彻自己的承诺。

换句话说，产品设计师不是艺术家，他们也不是只关注产品的美感。

摄影网站 Exposure 的联合创始人凯尔·布莱格如此问道："我帮他们做了什么？我帮助他们实现或者感受到了什么？对我来说，这两点远比以下这些问题重要得多：'它看起来怎么样？有什么特性？美感如何？这一堆玩意儿看起来如何？'这些并不重要，重要的是弄明白你在为谁做产品，以及你实际做出了什么。"

产品其余的特点都是由用户及其真实的需求所引申出的，包括产品的外观感受。它们**永远**都是服务于客户的。

这并不是说要贬低所谓"美观"的价值。美观肯定是有用的：它会让产品变得更有吸引力、更值得信赖，使用起来更有乐趣。

但如果我们过分强调外表，就会给产品设计帮倒忙。

随着产品设计师角色的演变，设计师的工作逐渐集多个学科于一体。过去，这份工作需要多个岗位的人员共同完成。

现在来了解一下设计师开始承担的新兴角色，以及这些角色所具有的特点。

创业者

探寻市场中的需求点并且想办法满足这些需求。这些机会点或大或小，可能存在于国内或国外，有的明显、有的微妙。这类人往往愿意承担风险，并以刻苦的努力、强大的决心和优秀的团队建设作为后盾。如果产品设计师要兼任这个角色，这通常需要他们能够抓住机会改进面向客户的服务水平，并能提出具体的方案以实现产品愿景，还要能够规划产品愿景并和团队成员就这种愿景达成共识。

产品经理

按照资深技术人乔什·埃尔曼的说法[7]，产品经理帮助"你的团队（和公司）向用户交付合适的产品"。虽然每个公司的情况都各不相同，但总体来说，产品经理要构建业务流程，解读来自公司各个部门的想法和反馈——包括分析、交流、信任和安全、支持、运营、法律、国际以及设计等部门（Twitter 公司用这些部门的英文首字母缩写将这种职责称为 ACT SOLID）。这些反馈也包含对产品用户的深层次理解，以及达到这种理解所必需的研究。然后产品经理会综合各部门的反馈决定产品功能优先级，并且推动各部门及时构建产品，从而实现业务目标。

注 7：参见 Medium 网站文章"A Product Manager's Job"。

通常来讲，产品经理和设计师的角色是分开的。设计师负责的是所谓的**解决方案方面**，他们需要提出设计方案以解决产品经理发现的问题。反过来说，产品经理传统上只负责**问题方面**，他们要发现客户的渴望以及遇到的难题，并且做出市场前景预测。

但这些角色很难分开。产品设计师不仅需要具有产品经理"寻找问题"的能力，而且还要能够提出解决方案。将这些能力集于一身可以显著缩短产品发布的时间、促进团队协作，并且提高最终产品的质量。

如今，产品设计师需要胜任与客户的交谈工作，以理解客户的需求和目标、把握市场动向，从而设计、创造出解决方案。相比制定设计方案的实施细则、产品规范，他们更有能力独立完成产品的设计工作，提出立足于现实的解决方案。

但在大公司中，产品经理可能需要负责一切组织协调、团队建设等管理工作。比如在Facebook 公司，产品团队中既有产品经理，又有产品设计师。两者的职责略有重叠，但如果产品经理所在的团队缺乏产品设计师，那么产品经理就应当肩负起产品设计师的职责。[8]

交互设计师

这个角色会预想人们将如何使用一款产品，以给用户留下深刻的印象为目的，实现精致、卓越的用户体验。他们从用户流的角度进行思考，创造用户界面原型。他们能够在产品的任何阶段深入体会用户可能存在的需求，并且为满足用户而努力。如果产品设计师负责此项任务，这意味着他们需要有能力解决用户体验方面的问题——无论就现有的能看得到的系统来说，还是对他们设计出的全新可拓展的产品模式而言，都需要给予解决。产品设计师还应该记录这些新的设计模式，从而为团队提供参考。

视觉设计师

为了在产品中引导用户，视觉设计师的妙手调和着色彩、空间、字体、图标以及插画。他们在各种类型的媒介中游走（包括应用程序、网站、广告，等等），熟练施展着"优秀的设计"。如果产品设计师要承担这项工作，这通常需要他们擅长原创并且能产出富有美感的视觉设计。

动效设计师

动效设计师深知动效如何影响交互设计，并且利用动效减少用户困惑、施以必要援手，让产品体验充满乐趣。他们与视觉和交互设计师紧密合作，利用动效创造一种易于辨识且独一无二的产品个性。若产品设计师兼任这方面，这通常需要他们能够鉴别其他产品中优秀的动效，或者在原型工具或代码中设计出原创动效。

注 8：参见 Quora 网站的提问 "What does a product manager at Facebook do? What is their role? How is it different from engineers? What's the structure/hierarchy like?"。

原型设计师

针对不同目的，原型设计师会用到不同的原型制作工具，他们通过将交互、用户流原型化，以探索极致用户体验。这个角色擅长使用各种软件创造不同保真度的原型，包括HTML 和 CSS、JavaScript、Adobe AfterEffects、Quartz Composer 和 Origami、Framer.js、InVision 或者直接使用代码。如果产品设计师承担这项工作，就需要他们能够将其设计的交互流程和用户流原型化。这样做的好处是可以更快速地测试、传播产品创意，并且更快捷地确定最优体验的实现方案。

数据分析师

数据分析师理解产品想要解决的难题，通过产品使用数据为决策的制定提供足够信息依据。他们有能力构建并解读 A/B 测试、擅长综合分析大量数据、发现趋势，知道如何设计测试以及何时收集哪类用户的数据。通常来说，产品设计师若要担此重任，就需要具备相关的分析能力，如辨别哪些数据可用于决策，以及通过后期数据了解特定设计造成了什么影响。同时还要能鉴别产品的薄弱点，从而设计测试以改进它们。

用户研究员

用户研究员时刻为客户着想，同时擅长收集客户的见解和反馈。用户研究员设计、执行并且负责民族志研究和用户体验评估，从而影响产品的战略和发展方向。他们帮助团队以更有意义的形式与客户建立联系。若产品设计师兼任这个角色，他们就需要对产品所在的领域有深层次的理解。他们需要把客户的表述转译为产品的愿景、功能以及营销话术。

心理学家

心理学家深知人们容易被外部变化、自我本能、情绪冲动等因素左右。他们通过总结出人类的共同特点，来为产品优秀的用户体验设计保驾护航。他们需要对认知心理学、启发法、实证研究以及共情具有基本的理解。产品设计师若想做到这一点，就需要能够理解客户的行为及其背后的动机。这种认识又会推动特定产品功能的设计——通过了解在特定情景下如何让人感到愉悦，创造出能够培养用户使用习惯的产品。

文案撰写人

文案撰写人有能力针对特定用户创作出有感染力、措辞得体、浅显易懂的文案，他们往往具有丰富的词汇量、掌握娴熟的语法。若产品设计师担此重任，就需要让产品文案既清晰又具有个性，这也意味着他们需要为遣词造句而反复斟酌。

项目经理

项目经理有责任推动项目实现既定目标。这个角色需要平衡产品管理方面棘手的四大要素：时间、成本、质量、范围。若产品设计师担此重任，平衡这四大要素就是其核心要求，而且他们需要不断地在技术方案和业务需求之间进行权衡取舍。什么功能是至关重要的？什么是锦上添花的？如果**一切**都很重要，你该如何取舍才能赶上截止日期？产品设计师必须能在这些棘手的问题中游刃有余，确保交付令人满意的产品。

产品营销员

产品营销员是产品与目标受众之间的桥梁。产品营销既可以由销售部和公关部这样的内部部门负责，也可以由公司之外的客户、用户和合作伙伴兼任。他们会帮助产品团队理解应该做出什么样的产品，并且跟踪客户和整个市场对新产品的反应。构建产品之前，产品推广员会进行市场研究以确定新产品开发的方向；产品构建完成后，他们负责产品发布后的营销工作，以及准备促销所需的各种资料。当产品设计师需要和营销团队一同确保产品的承诺契合公众的需求时，就会兼任这种角色。他们会决定最终的产品发布计划，并且在发布过程中和工程团队一同应对产品问题，同时还要负责连通内部团队与外界受众。

客户支持代表和社区经理

这些角色处在最前线，一旦出现问题，他们首当其冲。当产品难得受到外界称赞的时候，他们也会去深究是产品的哪一点得到认可。他们是（深受难题困扰的）客户的代言人，同时在与客户的往来中贯彻产品、品牌的承诺。当面对着纷至沓来、褒贬不一的反馈意见时，产品设计师就需要去伪存真，把意见分门别类。他们将作为支持团队和技术团队之间的桥梁，甚至作为公司在社区中的固定机构，收集客户的各种意见。

这些都是传统上在团队中单独设立的角色。很多角色如今仍然是独立设置的，有些角色将在未来一段时间内还会继续保持独立。但这里每种角色的能力，对产品设计师而言，都是多多益善。

很明显，产品设计师不可能成为以上所有领域的专家。产品设计师可以说位于这些角色的交叉地带，构建一个产品需要用到以上各个学科的知识和实践方法。

但通常来说，处于这个交叉角色的人经常会在一些学科领域具有专长。产品设计师面临的情形很像角色扮演游戏（RPG）中的人物。通常的 RPG 首先会要求玩家构建自定义角色。游戏要求玩家从一开始就得选择擅长特定"类型"技能的角色，比如赏金猎人、计算机黑客或者士兵。游戏情节进展过程中，玩家会有机会"升级"自己的技能，并且选择要么让角色变得杂而不精，要么在某些特定技能上达到专精。

假如"产品设计师"这个词不在你的职位描述中提及，那也并不能说明你不必学习这方面。"产品经理兼主设计师""产品负责人"或者经典的"产品经理"等职位，都需要你具有产品设计的思维和相应技能。

那么你如何筛选收集来的研究信息？又如何确定要将产品引向何处呢？

要回答这个问题，我们需要在第 3 章中进一步分析痛点矩阵，即我设计的数据分析工具。

可分享的笔记

- 产品设计自始至终都要对产品受众有透彻的理解。甚至构建一个产品**之前**，你就要进行艰苦的第一手资料研究工作。
- 销售考察是民族志研究的一种现代实施方法。这个过程需要你选择一类受众，研究他们会聚集在什么网站，并且潜伏在这些线上社区中分析他们的需求。
- 你可以通过痛点矩阵来进行分类，以解读原始研究材料。
- 产品设计师的角色定位处于多个学科的交叉地带，包括人类学家、产品经理、文案撰写人、交互设计师，等等。这种现象也反映出，科技在我们文化中的地位已经变得越发重要。

现在动手

如果你认同"产品设计自始至终都要对如何服务受众有透彻的理解"，那么就要回答以下问题：

- 你的产品是因何种客户而产生的？
- 产品受众经常在什么网站聚集？
- 你对他们有多少了解？通过阅读他们论坛的帖子、App Store 的评论或者向客户支持发送的邮件，你能发现什么？
- 在痛点矩阵上划分他们的痛点等级，将其与你的产品致力解决的问题进行比对。它们之间匹配吗？你的产品欠缺什么？

访谈：艾米·霍伊和亚历克斯·希尔曼

创业者兼教师艾米·霍伊发明了一种名为"销售考察"的线上民族志研究方法，她在30×500训练营中教授这种方法。销售考察改变了人们的生活——在过去两年中，30×500的学生在个人产品业务中总共赚得200万美元。[9] 艾米和她的合作伙伴亚历克斯·希尔曼共同教授包括销售考察在内的多种产品设计技巧。

30×500是什么？销售考察又是什么？

艾米 30×500是我和亚历克斯为富有创造力的人群开办的课堂。他们在这里可以学习如何创造并推广自己的第一个产品。毕竟，相比受雇于他人来从事创造性工作，自己独立设计、推广产品是很不一样的。在第一种情况下，你和真实的市场隔绝开来。你并不十分确定人们想要什么——只有你的上司有这方面的深刻认识。

从毕业到参加工作再到成为自由职业者，独自创造产品是非常困难的。很多人失败了，因为他们不知道为别人工作和创业的区别。所以我们的课程会教给他们必要的技能，让他们能够独立发布产品并取得盈利。

亚历克斯 销售考察教学是这个课程的一部分。我们最初设计这种研究方法时，第一个版本其实叫作"奔忙不休"。

我们起初在课堂上讲授第一个版本的研究方法时，发生了很多有趣的事，例如许多内容都会围绕产品发布展开，就研究方法中的诸多内容而言……我们当时认为一些步骤没有那么重要，但我们在教学过程中逐渐认识到，像"记下笔记"和"研究你的用户"这样的表达都不够具体。

所以销售考察此后就真正成了30×500训练营的核心内容。事实证明，大部分课程本身以及练习都是和销售考察直接挂钩的，但最开始时，它只是众多教学内容之一。

艾米 我不知道是否可以说它是众多教学内容之一，因为我们会说"去研究""去看看你的受众在写什么，仔细研究、做好笔记，然后利用起来"。但人们不知道具体该如何去研究、阅读或者做笔记。

甚至对于很多受过高等教育的人来说，所有这些方法都难以具体实施。

亚历克斯 这是个逐渐完善的过程。每个步骤都不再只是"大概的描述"，而是具体该怎么做，按照教学做的话结果会是什么样，以及通过一些结果评估分析你做的是否正确，因为你要把这一步的研究结果运用于下一步构建当中。具体来说就是这样。

艾米 事实上，销售考察是一种"网络民族志研究"，同时结合了细致的解读和共情步骤，这是一种逐步对客户产生共情，以求理解他们的方法。

注9：参见30×500课程网站。

亚历克斯 这也是一种内置的反馈环。一旦开始研究这些销售考察数据，你就开始收集、记下各个方面的发现，例如你在别人身上注意到的痛点。不止是痛点，你还能对客户当前的困扰进行界定，以及学习客户描述其困扰的方式。

你能收集到一些行话，即他们描述问题时使用的一些惯用语。你还能了解到他们世界观，以及他们根深蒂固的观点。当然，还有他们讨论、推荐的产品，以及他们已经购买的产品。

所有类似这样的个体数据点都可能是有价值的，但设计销售考察的目的是确立一套系统性的、可重复进行的研究方法，这样你就能更快捷地收集大量数据点。这是因为，如果没有大量数据支撑，你就无法找到其中凸显的行为模式。而没有模式可寻，你就无法针对业务方向做出明智的决定。

艾米 是的，有些人——特别是设计师、开发者、作家——常常会毅然决定："我要做一个东西出来。"他们一旦获得某个数据点或者某个潜在客户后，就会想："好吧。就是这么回事吧。我开始做（这个产品）吧。"这样必败无疑。

你必须把现在正在做的研究一直做下去，直到研究透彻为止。这些工作也许暂时望不到头，但突然某一天，你就会拨云见日、豁然开朗。

人们总是喜欢依据某个数据点贸然行事，因为这不需要任何额外的努力，而且自我感觉良好。但这实际很糟糕，是个坏主意。

我们遇到过很多仓促的创业者，以及一些想法稚嫩的早期学员，他们会直抒抱负："总之，我们那儿的酒吧、餐馆、美发店都很难做好客人的预约排期服务，我要为此做一个软件。"他们认为自己找到了需要解决的问题，但其实他们根本不了解这些店铺的从业人员。他们只是看到这些忙乱的店铺员工用简陋的纸片为客人的预约排期，但他们不明白这群从业者可从来都不会买什么软件——从来不会。如果他们愿意买软件，那么从一开始就不会有这些问题出现了。

过去几年中，我见证过本地四五家创业公司宣称要用软件为本地商户解决预约排期问题。结果总是失败，因为人们往往关注于实地观察的发现，却对行业背景置若罔闻。若想理解行业背景，就要进行不定期的长期观察。

亚历克斯 另外，如果要求用户向你展示他们是如何使用产品的，你就会马上处于不利地位，因为他们知道你正站在身后观察。即使只是用户使用行为上的微小改变也会立即发生，因为他们会刻意表现。你往往很难观察到他们日常的真实行为状态。

销售考察中的一个元素就是，刻意保持距离、减少参与。人们不需要知道你在那里看着他们，虽然这听起来有点不合适，但这样做是有原因的。你可以将其看作职业需要，你观察他们的行为时，他们不需要知道你的存在。

艾米 目标受众做的很多事并不是在私底下进行的，而是在公共论坛和邮件列表这样的公开地带表达。同时，他们在这里不是刻意做给别人看的。

为什么直接询问别人的需求是靠不住的研究方法？

艾米 人们自己都不明白他们一些行为的原因，他们根本不关心这些。作为设计师，我可以告诉你，这绝对是事实。如果我把这种现象向许多软件工程师解释，他们会说："哦，这样设计也没有那么糟吧！哦，不就是个电子邮件软件吗。"

而我会说："好吧，但如果事实证明确实如此呢？"他们就会说："我可从来没这样想过。我从来没想过可以用鲍勃的头像自动分类他发给我的文件，这样我就不用搜索'鲍勃'，然后点击所有带有'鲍勃'的邮件来手动分类了。"

亚历克斯 在艾米看来，人们已经对某些痛点习以为常了。但事情的另一面是，人们会刻意使自己逐渐忽视这些痛点，或者不再去深究这些痛点。或者他们接受了一些观念，觉得自己也应该那样想。

我需要再次说明，这并不是用户有意欺骗自己——欺骗自己的情况极其少见。这更像是你依赖于现有的产品，就一心期待它能可靠运行。但从统计学上讲，事情并不会如你所愿。

他们并没有意识到这一点。如果他们对自己的痛点如此了解，那么很有可能自己就能够解决了。

艾米 这就是为什么程序员会为自己制作软件工具，但这些工具易用性都很差。我是一名程序员，你们知道我在说什么。

另外，不知道是否有研究能证明，即使专家也不知道自己是如何完成工作的。他们也无法用语言完整表述。

当你开始观察他们时，他们就会试图在做事时加以解释。于是他们的表现就会变得很糟糕。

我还记得很久以前你在演讲中给出的"随身听焦点小组"的例子。

艾米 是的，没错。

当时他们都说"想要黄色"，结果他们都选择了黑色。

艾米 没错。索尼问所有在场的孩子们："哪一种更酷？你想要买哪一个？酷酷的运动型黄色随身听，还是黑色的？"收集意见后，工作人员说："谢谢参与我们的焦点小组调查。这里有两种颜色的随身听作为赠品。挑一个你们喜欢的带走吧。"然后几乎所有人都选择了黑色的。

人们的想法和真实做法是有差异的。这就是人性。

有一种观点指出：人们会到处寻找问题的解决方案。错。人们一直以来都在努力回避自己的问题，因为他们不指望自己能够解决，你需要真实地向他们反映出来："嘿，这是你现在的问题。问题不小，但我们可以一起解决。"

这个话题值得延伸。通过什么研究能帮助你弄明白：怎么做才能推动用户打开那封邮件、使用这个产品或者阅读那篇文章呢？

艾米 关键是先去观察他们（你的客户）当前在做什么。你不是去说服素食者购买奥马哈牛排。你是通过网络了解他们在真实生活中到底会做什么、阅读什么，彼此之间会分享什么、讨论什么问题，会因为什么事情而求助，以及如何互相帮助。

然后你再介入，带着某种已然符合他们习惯和世界观的产品。如果人们不看视频或者只看视频，或者你发现他们在视频产品上花更多的钱，那么你就要考虑是否要给他们提供更多有趣的视频。

这个过程的本质是弄明白是什么困扰着用户，再将解决问题的方法以一种体贴的方式告知用户，接着向他们提供帮助、支持。

亚历克斯 如果有人上网向一群陌生人询问如何解决自己的难题，（这就是）一个很强的信号，说明他们已经不堪忍受。即使那对你而言并不是什么大问题，你也许会说："哦，这很简单嘛，如此这般就能迎刃而解。"你怎么看无可厚非，但显然他们仍然毫无头绪，否则就不会提问了。

记住这一点，如果有人在网上晒出了自己的问题并且向一群陌生人求助，那么这就是一个现成的新产品线索。

你为什么根据痛点而非人们提到的愉悦点构建销售考察呢？

艾米 这是因为愉悦是个人化的，而且还有很多文化团体——我说的不是民族或者地方文化，而是这个行业的文化——人们很少谈论什么带来愉悦的产品。即使他们谈论了，也可能是一种讽刺表达。

30×500 聚焦于提供商业价值，而商业价值总是来自一些较难起步的领域，或者一些匮乏的领域。

事实上，如果你只是说"我想要带来愉悦"，那就像是说"这里有一杯冰激凌"。它不会告诉你具体该往哪里走。人们喜欢猫咪、喜欢冰激凌、喜欢爵士乐，但这些东西更难畅销，除非人们真的有这种需求。

与之相反，只要你说"你每天都要面对这个难题。想象一下，如果能让你轻松解决会怎么样"，人们肯定会全神贯注听你宣讲了。你也许很难轻易地创造需求，但如果你能解决的问题正是困扰他们已久的，那么你就有了一个好的起点。

创造需求是很难的。

第 3 章

我们在构建什么产品

定义你们要构建的产品

设计是一个让梦想成真的过程。

——The Universal Traveler

我们来做个游戏。（我想到了电影《战争游戏》中计算机的问候："欢迎你，猎鹰教授……我们来做个游戏吧？"不好意思，我有些跑题了。）

你觉得下列产品的支持团队或特性团队中有多少工作人员呢？

- 苹果公司的 iMovie 和 iPhoto
- Twitter
- Instagram
- Spotify

提示：人数绝对比你所想的要少。

- 苹果公司的 iMovie 和 iPhoto 团队：分别由 3 人及 5 人组成。[1]
- Twitter：5~7 人。[2]
- Instagram：被 Facebook 以 10 亿美元收购时共有 13 人。[3]

注 1：参见 LinkedIn 网站 Glenn Reid 的个人主页。

注 2：参见 Quora 网站上的提问 "How are product teams at Twitter structured?"。

注 3：参见《每日邮报》网站文章 "Instagram's 13 employees share $100m as CEO set to make $400m reveals he once turned down a job at Facebook"。

- Spotify：8 人。

同时，创造出第一个 iPhone 原型的团队"小得难以置信"。[4] 甚至乔纳森·伊夫在苹果公司的设计工作室——负责所有产品以及像 iOS 7 这样的项目的工业设计团队——只由 19 人组成。[5] 而且我们可以推测，这个团队有时还会被分成更小的团队来完成各自独立的项目。

弄清楚你需要构建什么产品要经过一系列的过程：吃透你收集的研究材料、对你的用户产生共情，以及确定将要做出什么特别的产品来解决发现的难题。同时，这也包括计划团队规模，以及团队需要由哪些专业的人组成。

亚马逊公司的杰夫·贝索斯曾经为这种体量的团队制造了一个词——"两张比萨的团队"（two-pizza team）。[6] 换句话说，如果两张比萨不够一个团队的人吃，那就说明团队规模太大了。他最初的构想是要创造出"一种分散化甚至无组织的公司团队，在这里，对独立思维的重视胜过集体意见"。这种体量的团队通常能保持不骄不躁的作风，组内沟通便捷，完成工作也更有效率。一些瞩目的科学研究能够对此做出解释。现实中，这种团队通常维持在 6 个人左右。

来看看已故的哈佛大学教授理查德·哈克曼对组织心理学的研究吧。他发现，"团队越大，成员完成集体工作时就会遇到更多流程问题……更糟糕的是，在面对这种工作阻碍时，团队的脆弱程度会随着团队体量的增长而陡然增加"。[7]

哈克曼把"流程问题"定义为一个团队中的成员之间的联系，或者沟通途径。随着团队成员人数的增加，联系的数量会呈指数型增长。通过方程 $n \times (n-1)/2$（其中 n 是团队规模），哈克曼发现，团队内部的联系会随着团队规模增长而陡然增加（如图 3-1 所示）。

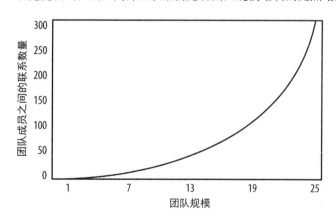

图 3-1
团队规模越大，就要面对越多的"流程问题"。团队成员之间的联系增加会导致决策效率降低（图片来源：*The Psychology of Leadership: New Perspectives and Research*）

注 4：参见《华尔街日报》网站文章 "Apple Engineer Recalls the iPhone's Birth"。
注 5：参见《纽约客》杂志网站文章 "The Shape of Things to Come——How an industrial designer became Apple's greatest product"。
注 6：参见《华尔街日报》网站文章 "Birth of a Salesman"。
注 7：参见 *The Psychology of Leadership: New Perspectives and Research* 一书。

虽然我上学时并不喜欢数学，但我们还是应该了解几种不同体量团队的情况。先从贝索斯推荐的 6 人团队开始——假设两张比萨对于 6 个人来说是足够的（虽然我经常一个人就能吃光整张比萨）：

- 贝索斯青睐的 6 人团队只有 15 条成员联系需要处理；
- 把人数增加到 10 个，则有 45 条成员联系需要处理；
- 如果将团队规模增加到我所在的 Tinder 公司团队的大小，也就是 70 人，那么联系数量就增长到了 2415 条。

但是，管理联系并不是团队扩张后面临的唯一问题。

更大的团队会出现盲目自大的倾向。他们往往相信自己的团队能更快地完成任务，并且"随着团队增长而越发容易低估任务完成所需的时间"。2010 年，来自宾夕法尼亚大学、北卡罗来纳大学教堂山分校以及加州大学洛杉矶分校的组织行为研究者进行了一系列实地研究后，进一步证实了这个发现。在一次实验中，他们观察了以拼装乐高玩具套装为测试任务的团队。两人团队花了 36 分钟完成玩具的组装，而四人团队完成拼装花费的时间则增加了 44%。

然而在实验前，四人团队还以为他们能够比两人团队更快地完成组装。

这就是为什么"两张比萨的团队"的观念是如此掷地有声。它是一个简单的概念，你的组织中的任何人都能轻松理解，它可以用来打消一些组织习以为常的"在这个难题上多分配人员就好"的念头。

好了，我们已经弄清楚应该维持怎样的团队规模了。接下来，团队需要有哪些人呢？

所有人都热衷于产品讨论会，尤其当你们处于**决定**构建什么产品的阶段时，大家热情更为高涨。

甚至连史蒂夫·乔布斯都痴迷于参与这个阶段的讨论会。"他（乔布斯）曾经对我说过，"苹果公司（负责消费类应用程序的）前工程主管格伦·里德回忆道，"他希望成为 CEO（首席执行官）的部分原因就在于，成为 CEO 之后，就没人能阻止他参加产品设计的核心讨论会了。"[8]

这个过程中，你要把自己看作柏林 Berghain 夜店的保镖。[提示：如果你不会说德语，那么你几乎不可能进得去。此外，夜店的保镖 Sven——"如同一个留着胡子、末世后风格的瓦格纳（德国作曲家）"——依然强制贯彻一种罕有人达到的隐性入店着装要求。]

那么，谁有资格成为核心团队的一员？他对你找到的那些痛点有多少认识？你该如何设计讨论会的内容？

注 8：参见 Inventor Labs Blog 网站文章"What it's Really Like Working with Steve Jobs"。

在这个阶段，你应当聚集团队中所有参与创造产品的人员。举例来说，这可能包括：

- 产品设计师或产品经理（具体人员取决于你们的组织结构，以及你们是否准备邀请其他人员参与设计）；
- 即将与你们合作进一步构建产品的工程师（通常是前端开发者和后端开发者）；
- 将要负责发布、推广产品的团队代表；这个人可能来自营销或公共关系领域，这个角色的职责是在"产品对顾客的承诺"与"产品的实际能力"之间构建良性反馈循环。

在 KISSMetrics 公司时，赫特·沙是这样构建团队的：

> ……一个产品经理、一个设计师以及一个工程师。有时是多个设计师、多个工程师，而且有时是一位工程经理。

> 有时甚至可能引入某个营销领域的员工，如果行得通，可以让销售部门的人进入核心。我们尝试过不同的组合，不管是小型项目还是大型产品的发布，抑或是一个完整的产品体系的构建，我们会根据具体项目组织相应的团队。而且针对客户公司所处的不同阶段，我们提供的团队组建策略也会相应地变化。

组建团队

里吉斯·麦肯纳对这个问题更有发言权。当他在 20 世纪 90 年代初感受到技术改变社会的迅猛浪潮之时，他意识到——如同之前提到的宝洁公司的尼尔·麦克尔罗伊那样——公司需要一个新的角色了。这个新角色即"整合者：对内负责将公司的技术能力与市场需求对接；对外邀请客户及用户参与到公司发展、改进产品 / 服务的流程之中"。

如果你读到这里时有些疑惑，那么可以再读一遍上一段。毕竟，麦肯纳负责过计算机时代众多标志性产品的发布：英特尔公司的第一个微处理器、苹果公司的第一台 PC、字节商店（世界首家计算机零售商店）。差点忘了，他还是"车库创业"（因早期的苹果公司而闻名于世）这个传奇热词背后的缔造者。

你又读过一遍了吗？是不是有些地方感觉很熟悉？

哈，他说的这个角色其实就是你！

你就是产品设计师——那个整合者。你是产品客户的拥护者、最懂他们的专家。你是客户的代言人。

在这个阶段，你需要带领团队进行研究，你们需要罗列出能够有效解决用户痛点或为他们带去愉悦体验的产品概念。

当然，这意味着每个参与构建产品的人员都要对公司产品的用户研究了如指掌。

你可以把这个阶段作为难得的"整合"时机，来发挥团队的优势：有哪些开创性的技术、设计可以用于解决团队当前面临的问题？甚至更进一步，你和团队能为受众构建怎样独一无二的产品？

我认为乔什·埃尔曼（Greylock 合伙人，曾供职于 Zazzle、LinkedIn、Facebook、Twitter 等公司）对产品初创阶段有着深刻的见解：

> 首先，第一件事就是你要相信团队。这句话听起来平淡无奇，但在实践中却困难得多。我认为，很多产品的架构和流程都是在其团队内部没有牢固互信的基础上建立的。应该等团队有了互信基础之后，再去着手产品的构建。团队往往清楚他们能做出什么样的产品。团队知道产品该怎样开发。设计师熟知应该设计产品的哪个方面，他们能选择最适合的设计方案，也能甄别一些设计禁忌。以上这些要素在产品的初创阶段都举足轻重。

可别忘记这个痛点矩阵（如图 3-2 所示）。你观察到的哪些痛点处于右上方最强烈、最频繁的象限？你如何据此构建出用户梦寐以求的产品？有哪些痛点是只有你们才能解决的？

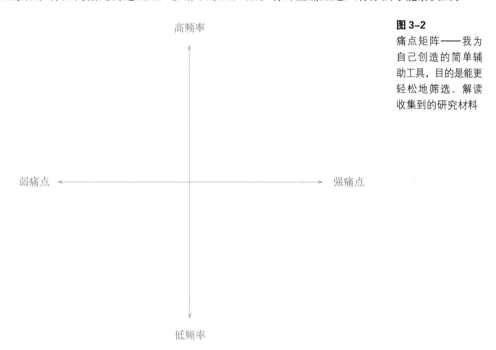

图 3-2
痛点矩阵——我为自己创造的简单辅助工具，目的是能更轻松地筛选、解读收集到的研究材料

当你们团队正激烈讨论该构建何种产品时，痛点矩阵就是这个阶段极佳的辅助工具。这张矩阵图将作为团队的沟通工具，亦是用户的忠诚拥护者。它直观易懂，你可以用数据来进一步支撑它的可信度。要是矩阵中的一部分内容直接来自用户研究就更好了。

"我们不能忽视这一点，即产品的用户 100% 是人类，"最近就职于创业公司 Slack 的产品设计师第欧根尼·布里托叮嘱道，"虽然科技日新月异，人类行为背后的动机在根本上却没有任何改变。例如，马斯洛的需求层级理论仍然广泛适用。请将需求层级理论熟谙于心，当你的产品越靠近人类最基本的需求范畴，你的产品就越有可能经久不衰。"

再次重申：不要忽视你研究得到的真实痛点与爽点，它们是难得的第一手材料。避免陷入理想化的坐井观天。那些迅速将最简化可实行产品（MVP）发布出去"验证"效果的团队不过是在浪费时间、金钱以及他们的才能罢了。

你可不能重蹈其覆辙。

接下来，你需要做的就是确保团队成员聚焦主题。

让大家聚焦主题

产品讨论会议往往会带有类似聚会一般的愉快氛围，当这种氛围使会议主题混乱时，情况可就糟糕了。你如何让每个人都专注于主题并且有针对性地辩论呢？

我强烈推荐将白板作为收集、分析产品创意的辅助工具。这样做至少有 3 个理由。

- 人们很难记住自己说过的话。相信你们可不希望那种情况发生：因为讨论中提出了太多好主意，所以反而不小心把其中一些遗忘了。
- 白板能帮助你将想法呈现出来。不是所有想法都能用语言解释。通过低保真的绘制，任何人都能省去不必要的细节，表现出一个想法的核心。通过白板，你的团队成员可以将想法具象化，这并不需要多高的绘画技艺，对大家来说也很公平。
- 公用白板能助你们加强集体讨论时的一种自然倾向：人们此时更倾向于忘记白板上的产品创意分别是谁贡献的。利用白板，自然而然地，最好的想法就会凸显出来，糟糕的想法会逐渐淘汰。这种方法益处良多，特别是当参与讨论的人有很多想法要表达的时候。这个过程的关键是要避免把成员姓名联系到想法上，这样你们就能避免伤害人们的自尊心以及**非我所创**就挑三拣四的情况。这种方法称为"大锅炖"（Cauldron），是苹果公司运用的产品讨论策略——有时甚至当史蒂夫·乔布斯在场时也不例外。根据前苹果公司工程主管格伦·里德的说法，大锅"让我们炖出好汤，且炖出合适的分量，而不用关注某个创意到底是谁提的。回顾过去，我们发现将首席执行官（CEO）的身份和产品创意分开来看是很重要的。创意的质量并不在于员工的身份或地位。如果某个创意是好的，那么我们最终都会认同；如果创意很糟糕，那么它就会沉到锅底。我们往往并不能记起某个创意是谁提出的——因为这并不重要"[9]。

而且此时设定时间限制也大有助益，就像线上出版创业公司 Medium 所做的那样（在每篇文章标题处标注预计阅读时间）。如果讨论会由合适的成员组成，那么在需要解决的问题被定义出来之后，就可以让每个人在规定时间内展示创意。"你们可以先让大家各自在两

注 9：参见 Inventor Labs Blog 网站文章"What it's Really Like Working with Steve Jobs"。

分钟的时间内写下尽可能多的（能解决问题的）想法，”产品设计和运营总监詹森·斯特曼向我建议道，“然后每个人有五分钟的时间把想法表现在白板上并进行相应的解释。之后另外两分钟时间来补充……这样做就会得到尽可能多的创意。我们公司常常这样做。我们经常举办头脑风暴会议。”

"逆向工作"方法

这个阶段还有另外一种很强大的技巧，即亚马逊公司所采用的"逆向工作"（Working Backwards）方法：由产品负责人详细准备未来发布产品的文案，同时设想产品的顾客评论、常见问题汇总，并构思用户体验故事。

对你而言，除了产品的文案，也可以去构思一篇未来会用到的介绍产品背景、产品功能的博客文章。

这种技巧的独特之处在于，撰写该类文档能帮助你们尽量考虑到所有使产品成功的相关因素——并不只是产品和工程技术支持，还囊括了市场、销售、客户支持等所有其他的部门。换句话说，它会让你充分考虑支撑产品的各个层面。

亚马逊公司首席技术官维纳尔·沃格尔给出了这样做的理由：

> 产品定义阶段的逆向运作是用以下方式完成的：我们先撰写未来发布时需要的文档材料（产品文案和常见问题汇总），然后就可以根据可实现的文档有方向地开展工作了。

> 产品定义阶段采用逆向工作方法，主要就是为我们将要开始构建的产品做好准备，将产品概念具体化，将产品思路梳理清楚。[10]

根据沃格尔的说法，逆向工作法涉及以下 4 种类型的文档。

产品文案
关于产品功能，产品因何而生。

"常见问题"汇总
解答用户看到产品广告文案后可能产生的疑问。

用户体验阐述
关于用户使用产品时的所见所感，以及辅助叙述的图像化呈现。

用户手册
用户学习如何使用产品时可能需要参考的信息。

注 10：参见维纳尔·沃格尔（Werner Vogels）的个人博客 All Things Distributed 上的文章"Working Backwards"。

以上文档看起来都像琐碎的前期工作，但这种方法已经在亚马逊公司沿用了十多年。如果你把这种方法连同第 2 章描述的销售考察一起使用，你们可能会因为探寻更加以用户为中心的产品构建方式而颇费周章。但是这样做，你们就能将产品植根于人们实际存在的需求，而非凭空搬出某个创意后再为产品寻找并不存在的受众。

逆向工作的重点在于产品文案。这份文档篇幅不应该超过一页半，它是产品的指路明灯、试金石，以及开发过程中可以参考的重要资料。

"我的经验法则是，如果这个阶段感觉产品文案很难写，那么这个产品做出来大概也会很糟糕，"亚马逊总监伊恩·麦克里斯特写道，"要努力解决遇到的难题，直到文案的提纲明晰起来。"[11]

对亚马逊公司而言，迭代产品文案的成本可比迭代真实产品低得多，因为文案格外强调用户痛点的解决方案。不吸引人或者不温不火的解决方案是很容易通过文案鉴别出来的。这时推倒重来就好。毕竟，你在这个阶段需要搞定的不过是文字罢了。

"如果我们罗列的产品优点对用户来说没那么有趣，那么或许事实就是如此（而你就不应该做这个产品），"麦克里斯特写道，"事实上，产品经理应该持续迭代产品文案，直到他们写出的产品优势听起来切中要害。"

那么优秀的产品文案应该是什么样的？多亏了麦克里斯特，我们得到了一份明确的大纲，亚马逊公司在自己的产品讨论会议中使用的就是它。

1. 标题：这里是产品的名称。你的目标用户会理解它的含义吗？他们会忍不住想要了解更多吗？
2. 副标题：用一句话总结你的产品的目标对象，以及他们将如何通过产品受益。
3. 摘要：总结这个产品，罗列产品能带来的益处。麦克里斯特强调，文档的读者很有可能只会读到这里，所以"尽可能把这段写好一点"。
4. 痛点：这部分应该不难，因为它就是你用户研究的焦点所在。你的产品解决了什么问题？你的用户经历的哪些痛点让你的产品有了存在的理由？
5. 解决方案：你的产品如何（以一种顺畅的方式）解决用户的痛点？
6. 引用公司发言人的话。
7. 如何开始：就你的产品而言，如何让用户愿意迈出第一步呢？给出能够让用户当即受益的理想卖点。
8. 客户语录：对你产品的预期用户而言，他们的痛点被解决时，会说什么？
9. 结尾：号召用户开始行动。

我认为构思这个文档——无论有多么费力——之所以能被亚马逊公司沿用至今，是因为它让产品未来的方向、产品帮助用户的方式变得如此清晰。

注 11：参见 Quora 网站上的提问 "What is Amazon's approach to product development and product management?"。

"一旦我们经历了构思产品文案、常用问题汇总、故事版，以及用户手册的过程，要构建的产品就会变得清晰得多了，"沃格尔写道，"于是我们就有了一套文档，可以向亚马逊公司的其他团队解释这个新产品。在这个节点上我们知道，整个团队对目标产品拥有一个共同的愿景。"

创建一份产品指南

在最终确定将要构建的产品之时，你们也许还需要另一份文档。

我很喜欢卡普·沃特金斯的方法，他是 Buzzfeed 的设计副总裁、前 Etsy 高级设计经理，为了使团队在会议后专注于任务，他的方法就是创建一份关键性的内部文档。为了方便进一步讨论，我们将其简称为**产品指南**：

> （产品讨论会议的）结束时，你们也应该弄清楚：
>
> 你们要做什么产品；
>
> 为什么要做这个产品（你们试图解决什么问题）；
>
> 未来产品的成败如何衡量（定量和定性的衡量标准）。

产品指南能帮助"你和你的团队保持专注并且防止产品迷失方向：如果当前产品路线无法解决问题或者实现既定目标，那么就不要一条路走到黑"。

这种文档还缺少两个元素：谁在负责产品的哪一部分；什么时候可以完成。

在史蒂夫·乔布斯再次回到苹果公司之前，苹果公司就为其参与的所有项目订立了一条规则——"直接负责人"制度（Directly Responsible Individual，DRI），简单高效。每项任务都会由一位特定的员工直接负责并署名，全公司人员随时可以查看某个任务的负责人信息。如此一来，特定员工执行任务时的责任感必定会更强。[12]

在你自己的内部产品指南中使用这条规则吧，并且确保每个单项产品都有一个 DRI。指派某个人（或招募志愿者）完成特定的任务。确保在你散会前完成指派工作。在产品指南中加入这些信息。

除了安排负责人就单项任务署名，你和你的团队也需要安排各任务截止日期。需不需要做技术或数据考量的相关研究？需不需要构建原型以测试特定界面组件是否可行？你们是否误解了用户分析中的某些信息？要马上执行什么测试才能验证某些假设？各方应该知晓哪些信息和时间限制（包括其他产品线的团队，以及产品的客户、你们的上司）？原型保真度要达到多少？

记得为每项任务设置一个截止日期，这样一来，即使创造新产品的热情逐渐减弱，你们也能保持前进的动力。

注 12：亚当·拉辛斯基，《苹果：从个人英雄到伟大企业》。

但你们该如何为团队建立责任感？你们该怎样与时间赛跑，从而为用户提供有价值的产品呢？

客户关系维系公司 Intercom——其客户包括 Shopify、InVision 以及 Rackspace——为其产品团队设立了每周目标："我们相信小步快跑也能成就伟大，所以我们经常制订个性化策略，以实现最快交付、上线最简功能。这样做，我们就能不断接近目标，也便于我们确定有效的方案。我们公司的项目都被划分为能客户增添价值的小功能点，之后逐步将功能上线。"[13]

在 AngelList 公司，他们致力于尽快完成一个新产品——他们倾向于小步快跑，格雷厄姆·詹金将同样大的压力加在了他自己及其团队身上："我们一直都在思索结果会怎样，或者'我们如何能在这周完成这个任务，我们能在这周完成吗'。如果我们无法完成，可能最初的方向就错了。"他们的方法会带来不断增加的需求，而非固定而武断的截止日期。

Tinder 公司会在每周一、周三、周五召开产品更迭会议——但只在有问题需要讨论的时候召开。这些会议的内容通常包括产品团队成员彼此之间的意见交换、主题讨论或工作建议，有时会一起研究成员遇到的难题。周一的内容是产品路线讨论，届时工程、产品、客户支持以及营销的负责人会聚在一起，并向彼此汇报自己项目的最新进展，强调一些新的注意事项。

无论你的公司是什么制度，请记住，你才是整合者。因此，你要成为领袖，成为用户的代言人。不要因为团队成员间的寒暄或虚张声势就轻易妥协。

你可以做得更好。这是因为你更有天分，而且颜值可能也更高。

可分享的笔记

- 定义要构建什么产品时，先确定参与讨论的成员名单。
- 选择核心讨论组成员时，遵循杰夫·贝索斯的"两张比萨的团队"原则：你的团队规模应该足够小，只需要两张比萨就能解决团队的一餐。通常 6 个人就比较合适。
- 团队成员只有对公司产品的用户研究了如指掌时，才有资格进入核心讨论组。可以使用痛点矩阵呈现用户调研结果。
- 白板是有效的辅助工具，它能帮助记录成员的观点。团队可以通过白板使用图像化思维（聚集在一起通过画草图沟通，团队更容易凝聚起来），并忽略白板上的产品创意分别是谁贡献的。这种方法让团队不用关注某个创意到底是谁提的，最好的想法自然会因为得到更多支持而凸显出来。
- 亚马逊公司的"逆向工作"方法可以帮助你精确定位什么样的产品概念才能解决用户的痛点，从而避免创造某些华而不实、缺乏创见的产品。

注 13：参见 Intercom 公司网站上的文章"Lessons learned from scaling a product team"。

- 散会时要总结出一封关键文档：产品指南。产品指南会勾勒出你们将要构建的产品，以及谁将负责这个产品。

现在动手

- 重新检视你的团队对产品受众的了解程度。鼓励他们去了解你的用户调研成果，这样他们就能了解产品决策背后的原因。
- 思考如何让你的产品为用户带来快乐。你真的能为他们带来愉悦吗？你真的能够减轻他们的痛苦并满足他们的需求吗？
- 观察你的团队组织会议以及做出决策的方式。看看本章提到的技巧能否帮你们在更短的时间内做出更实际的决定。

访谈：塞西尔·拉文吉亚

塞西尔·拉文吉亚曾是 Pinterest 公司早期团队的一员，那时，他协助设计了 Pinterest 网站的主页面、Pin It 按钮以及 Pinmarklet，这些设计都在业界享有盛名，而他当时甚至还未从南加州大学毕业。塞西尔随后离开了 Pinterest，设计了 Turntable.fm 的首个 iOS 应用程序，并很快启动了付费文件平台 Gumroad。作为 Gumroad 的创始人和 CEO，他正在帮助艺术家们以更简单的方式向全世界的客户提供服务——包括数字和实体的作品。

我能感受到，你构建的产品都会有清晰的思路贯穿其中。你想要创造出一种在别人手中能够轻松解决问题的产品。你走过了怎样的心路历程，才有了这样敏锐的见解呢？

没错，我认为我很快认识到的一点就是，预测别人想要什么是非常困难的，就像猜测你的产品一年后会是什么样子一样难。

其次，你不得不做出简单的东西，因为你总不能在同一个问题上折腾好几天吧？我现在的工作方法常常是以发布一些 MVP、产品快速迭代等为主。我感觉当前的目标是"明年要做出 50 个产品功能点"，而达到这个目标唯一的方法就是不断发布 MVP。所以从某种程度上说，这种工作方法通过一个个周期来构建和完善产品。

你是如何走上设计这条路的？

2010 年秋天，我当时在读（南加州）大学，想获得一个学位罢了；我当时丝毫没有退学的念头。后来我开始在网上发表很多作品，那时我想："等等，我终于来到美国了，我终于来到加州了，应该尝试和我仰慕已久的行业人员取得联系。"于是我开始做一些互联网创业公司的外包工作，这最终为我赢得了全职工作的机会。而我也开始意识到，我可以胜任这份全职工作。我不需要学位就能做我想做的事。因此我在一个学期（4 个月）之后就离开了南加州大学。

接着我加入了 Pinterest，当时我 18 岁。我起初以接外包工作为主，因为当时还在上学，所以我想至少完成这个学期之后再离开学校。

然后我在 Pinterest 待了一年，做各种各样的事——设计、前端、后端。Pinterest 的移动应用程序算是我最早的"孩子"，我几乎负责过那个移动应用程序的各个方面。我和另外一个人在同一天加入 Pinterest，所以我应该算是 Pinterest 的第 2.5 位、第 3 位成员这样，或者我俩都是第 2 位。

我当时应该是业界罕见的既负责前端又负责设计的人，当时我想的是"我得做这个"。我因此学到了不少东西，然后我就离开 Pinterest 了。随后，我为一家位于纽约的创业公司 Turntable.fm 做外包，比如为其设计移动应用程序，之后我就自己单干。时间一晃而过，转眼间两年过去了。但（这两年中）我对两件事的追求让我的热情没有丝毫减退，其中之一就是对创造价值的追求。

我认为本（本·西尔伯曼，Pinterest 的联合创始人、CEO）非常擅长谈论产品，尤其是现在。但我们的公司从来都不是人尽皆知的著名硅谷创业公司——我们曾经无人问津。TechCrunch 在很长一段时间里根本就没正眼瞧过 Pinterest。但我们拥有真正的核心用户群体，即使曾经的用户并不多，但使用我们产品的人都对这个产品兴致盎然。

因此我们一直专注于做出让这些人的生活更美好的产品，反正我也认为这就是终极目标。但我们常常因为其他的琐事而偏离初心，比如融资、招贤纳士、在媒体那边讲另一个版本的故事，以及类似的事情。

我认为另外一件真正有帮助的事是我收到的反馈数量。比如我做了这些（不同的产品），我的产品大概有几十万名用户。把我做的所有东西都加起来，可能总共有上百万名用户。

在 Pinterest，我可以上线一些功能，可以尝试新的东西，然后就能获得如此大量的反馈。我们在 Pinterest 时从来没有做过 A/B 测试或者类似的东西，至少我在那里时没有。但对于我们做的大部分东西来说，我们都能轻松而快速地找到什么是最有效的，以及什么是没用的——这通常是同一件事。越简单越好，让产品变得直观，而非复杂。就像这样。这些东西说起来简单，但这些理念对我们在 Pinterest 时所做的设计影响深远，我们创造的很多交互方式也秉承这个理念。我真的认为这些创新点在我们做出来之前可并不常见，现在却随处可见了。因此我确信我们做过很多真正解决用户需求的改进，这些在当时默默无闻的东西后来就被发扬光大了。

能否跟我们讲讲你是怎么在早期利用邮件邀请函系统刺激用户增长的。

通常来说，如果你跟某个技术圈的人讨论（这种技巧），他们应该会说："这主意可真傻。"首先，没人真的认为这是一个秘密武器或者绝密的测试功能。我们每天会收到很多封邮件，对吧？每天收到太多的邮件确实让人应接不暇。但如果你只是一个普通人呢？即使在今天，至少对普通民众而言，例如使用 Pinterest 的第一批人（很可能今天仍然是忠诚用户），他们每天并不会收到很多邮件。现在，如果你看看他们的收件箱，里面通常也主要是 Facebook 和 Pinterest 的邮件。

因此在这种情况下，当我们可以说"他们并不排斥推广邮件"时，这是可以利用的好时机。他们喜欢收到神秘的邀请函，并且会说："天啊，我有了这么棒的新产品、新服务，但我只能邮件分享给 5 个朋友！所以我要好好花时间选择邀请那些值得使用这个产品的人，因为我只有 5 个邮件邀请名额。"但他们不知道这名额并不会过期而且其实是可以无限次发出邀请的，或者类似这种功能。没错，这种办法对大多数普通人而言仍然很好用。

硅谷对你们产品的轻视似乎成了 Pinterest 早期顺利发展壮大的原因之一。

是的，现在想来还挺有趣的。我还记得当时发生的一件事，本（本·西尔伯曼）对我说："我刚才在和别人开会，他们好像提到：'你们这个网站的定位是女性，对吗？你们担不担心，你们的网站只有女性会使用呢？'"或者类似的话。他半开玩笑地回道："是的，我们真的很担心，我们的网站若只是为全世界一半的群体创建的，那可不太好。"

确实，在我看来，到目前为止，使用 Facebook 的女性要比男性多——我认为女性参加社交互动的频率通常会比男性高一些。我敢肯定，Instagram 的大部分用户是女性，Snapchat 的情况大概也一样。但没错，这样的产品在硅谷都是不太引人注意的，而且我认为，很多人大概没有关注过我们致力于解决的这些痛点，因为这些产品做起来不那么酷，或者也不会有多么火爆。

但这是你在 Pinterest 学到的经验，这和当前正在开发的产品都来自同一种认识：你在关注那些被忽视的群体，他们缺乏合适的产品、服务来获得更美好的生活，而如果你给他们一些合适的辅助工具，他们就会乐在其中。

是的，我喜欢你所说的"辅助工具"。（在 Pinterest 的时候）我们所想的也是做一种工具。我们总是问："如何通过构建辅助工具来帮助用户解决自己面临的问题？"我认为，很多人关注的是整个互联网。他们希望大展宏图。但只有大家都能从你的服务中获得价值时，你才能有更大的成功。

大部分人——包括我们的竞争对手（你可以对此持不同意见），也包括我——认为，我们（Pinterest）在同 IE 浏览器的书签功能抢夺用户。它就像我们的竞品——我们吸引来的 IE 书签用户比其他任何产品、服务的用户都要多。当你从这个角度思考问题时，你就会重点考虑："我们需要做一个更好的书签功能，让人们可以标记、剪贴、收集、分享内容，以及做其他类似的事情。"

他们只想找到一种更好的方法来收集整理信息（例如，这可能是一些他们准备为新家购置的产品图片及链接）。不管你的产品有多少个推荐模块、多少个奇怪的徽章或排行榜，抑或是随便什么你努力想要提供的功能，归根结底，"他们只是需要一种更好的方法来收集整理内容而已"。

第 4 章

用户界面始于文案

当真？界面始于文案？

在用户看来，界面即产品的全部。

——杰夫·拉斯金，人机互动专家、苹果公司"麦金塔"项目创造者[1]

想象一下，如果你回到 1979 年，亲历苹果公司麦金塔（Macintosh 或简称为 Mac）项目的诞生过程。

那个时代的热词应该包括迪斯科、喇叭裤、《星球大战 5：帝国反击战》。

而在库比蒂诺[2] 昏暗的办公室中，你将见证世界首个商用图形用户界面的诞生、单键鼠标的发明，以及一些计算机领域核心应用程序的构建。

更振奋人心的是，你会接触到一个在当时相当超前的概念——计算机应该走向大众（而非局限于科学家、商人或者工程师群体）。苹果公司的愿景是，计算机可以像其他家用电器一样在寻常百姓家赢得一席之地，也许可以和电视或者太阳能计算器摆在一起。

在当时来讲，这是开创性的前卫观念。当时的主流思想认为，计算机不过是**商用机器**罢了。

一个名叫杰夫·拉斯金的男人不仅在那里见证了整个过程，并且还参与其中，将理想照进现实。在苹果公司发起 Mac 项目的正是拉斯金，因为他发现 Apple II 机型对于日常使用来

注 1：杰夫·拉斯金，《人本界面：交互式系统设计》。
注 2：苹果计算机全球总公司所在地，位于美国加州。——译者注

说仍然太过复杂。他认为，计算机可以像普通家用电器一样易于使用。

因此，拉斯金决心要为所谓的"易用"计算机制定指导原则。他的著作《人本界面：交互式系统设计》在其离开 Mac 项目 20 年后公开出版，他在书中回顾、提炼、总结了其对于人机界面的思考。

拉斯金认为，一个产品界面的成功有赖于设计师对两方面的理解：使用机器的人，以及机器的性能（软件在其上运行）。

他的核心理念之一是，设计师应该从**流程文案**开始设计：

> 在设计之初，就应该确切地罗列出用户实现自己的目标所需的操作步骤，以及系统会如何回应用户每一步的操作。[3]

这个文案是你产品用户界面的基石。你应该负责这项工作，因为你在此之前已经定义了产品需要完成的任务——你了解过你的受众，完成了用户研究（到这一步时，希望你已经利用了痛点矩阵）；而且你了解你的团队，深知团队能交付出怎样的产品。

你可以信心十足地进入这个阶段，因为你正在创造的东西已经拥有了灵魂和确定的方向。在开发的过程中，既定的产品计划会改变吗？随着对用户的了解越来越深入，对团队自身能力的认识越来越透彻，改变是可能出现的。但这就是产品开发过程中本身具有的一部分灵活性。

你在这一步奠定的基础将帮助你理解产品如何**具体**地解决用户的痛点。通过这个文案，你也能掌握构建产品的**具体**步骤。

而且你可别忘了，做这个文案能极大地减少你后期的时间投入。把文字敲入文本编辑器能花费多少时间？画出带有文字的方块和箭头又能花费多少时间呢？

并不需要多少时间准备文案。可以说，如果这个阶段罗列的流程让你感觉不对劲，或是过于臃肿、难以实现，那么此时改变方向是很容易的。

罗列你的界面流程，还有另外一个优点——此时不必担心该使用哪一种界面字体、对话框、边框半径等问题，也不必考虑热门的交互案例。这个阶段你要聚焦的是提高用户的生产率。

但很多人在这个阶段南辕北辙——陷入了构思新奇交互和布局带来的创新快感之中，过于急切地希望展示自己，想让产品设计社区的同行们刮目相看。

文字几乎是所有用户界面的基本组成部分，因为界面实际上就是由文字和符号驱动的一系列任务。通过专注构思优秀的文案，就能极大地改善产品体验、设计质量。文字就像界面的原子核，设计师围绕着它们进一步构建产品。

注 3：杰夫·拉斯金，《人本界面：交互式系统设计》。

我喜欢下面这条推文，来自项目管理公司 Basecamp 的设计师贾森·钦姆达斯（如图 4-1 所示）：

> 我最喜欢的草图绘制工具是 iA Writer（一款极简文本编辑器）。我没有开玩笑。用户界面设计正是从文字开始的。把构思文字内容放在第一步，方便我将用户界面看作与用户的对话。我会考虑文字该怎样表达，以让用户知道在某个页面、某个步骤能做什么。

图 4-1

供职于 Basecamp 的贾森·钦姆达斯发推文讲述他的用户界面设计工作的第一步

文字（按照老式的工程学行话来说）能帮助你"接近核心"[4]——使你在这个阶段关注产品面向的**对象**和产品背后的**机制**，而非直接跳跃到**如何呈现**和**呈现什么**的问题上。重点是，相比一开始就设计用户界面组件，文字能促使你先一步构思与未来产品用户的对话，以便更好地指导随后的设计。此外，拉斯金也在书中提到过："只要产品能帮助用户完成他们想做的事就够了，用户可不关心产品由什么部件组成。"

那么，我们该如何构思该阶段的文案呢？有 3 个关键步骤。

1. 罗列交互步骤——另一种说法叫作**用户流**，即产品受众完成各个任务需要的一系列交互。
2. 在用户流涉及的每一个页面中，列出完成该页面步骤所需的组件，例如表单、按钮、要呈现的数据，等等。把所有需要的控件都罗列出来。
3. 不要忘记文案的其他要素。标题该写什么？任务的情景是什么？该用什么语气来写？你应该反映出特定的个性吗？可不要用 Lorem Ipsum[5] 凑数。

总之，撰写文案并没有什么唯一的最佳方式。我们的目标就是——如同一位著名的突击队员说过的那样——"继续向前"，在不需要纠结太多产品变量的情况下，尽快做出一个能用的文案就好。这个阶段的文案撰写，首要目标就是弄清楚将要构建什么产品，同时文案

注 4：接近核心（close to the metal，CTM）是一个低阶编程界面的 Beta 版。该界面由 ATI（现在的 AMD 图形产品集团）开发，目的在于促进 GPGPU 计算。CTM 存在时间不长，AMD 的 GPGPU 技术的第一个生产版本现在称为 AMD Stream SDK。——译者注

注 5：中文称"乱数假文"，是指一篇常常用于模板文字的拉丁文文章，主要目的是在还没有文字内容的情况下充当占位符，以显示文字的版式效果。——译者注

也可以作为产品团队成员间沟通的参考。在真正着手用户界面设计或者敲下任何一行代码之前，我们可以借助纸张、计算机等工具构建文案，仔细思考、应对系统性的问题。

牢记这一点，接下来我们再谈谈如何规划产品的用户流。

规划用户流

科幻、奇幻、悬疑小说的作者往往需要处理多条情节线索，因此他们需要一种技巧掌控情节的发展。写一本小说——尤其是那种长篇**系列**（具有纷繁复杂、交叠缠绕的情节线索）——需要带有全局观的组织方法。你能想象乔治·R. R. 马丁、J. R. R. 托尔金或者J. K. 罗琳是如何统筹各个角色以及分支情节的吗？

幸运的是，我们可以了解到罗琳构思《哈利·波特与凤凰社》时用到的技巧。一页她手写的故事情节规划表于 2010 年在网上传播。可以从图上看出，她将表头分为章节号、情节发生的时间、主线情节、支线情节以及章节名称（如图 4-2 所示）。[6]

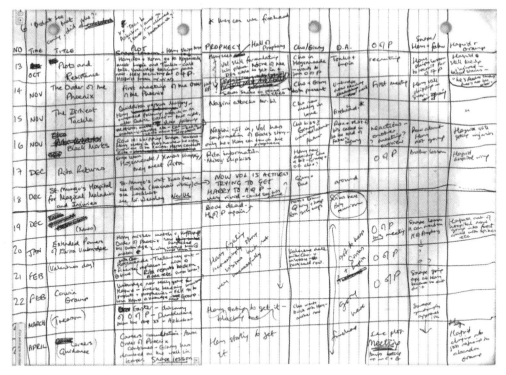

图 4-2

《哈利·波特》的作者 J. K. 罗琳习惯于草拟情节规划表，比如这一页就是《哈利·波特与凤凰社》的情节规划

注 6：参见 Mental Floss 网站文章 "J.K. Rowling's Plot Spreadsheet"。

如果你熟悉《哈利·波特》系列并且读过这部小说，那么你就会注意到，有些事件从未在小说中明确提到过，比如图 4-2 右侧附近的一些支线情节。罗琳必须通过直观的表格，以统筹跟进哈利·波特的世界中各个事件的进展，虽然她并未将这些事件全部写进书中。

这张表中罗列的很多情节在最终出版的小说中也发生了一些改变。注意，比如这里提到了"爱尔维拉·乌姆里奇"而非德洛丽丝，而且邓布利多的军队和凤凰社随后互换了名字。

即使你没有读过《哈利·波特》系列（等等——你竟然没有读过**那么出名的书**而在读**我这本书**？那我建议你找本《哈利·波特》看看），这里呈现的技巧也很明显：罗琳并不是直接下笔开始写小说。她可不是在没有准备的情况下就碰巧创造了一个成功的故事。罗琳事前精心的规划让她可以在不付出太大代价的情况下避免矛盾的、糟糕的想法。构思阶段如果出现了最坏的情况，例如情节不合理，那么罗琳顶多把一张纸揉成团扔掉，再写一张便是。你甚至可以看到她在表格上划掉的矛盾的、糟糕的想法——可以想象一下，如果把整个情节写出来，等到后期再改的成本投入。

为你的产品构建用户界面与作家规划小说有诸多相通之处。规划用户流，就像勾勒产品的故事、角色以及支线情节。

构思用户流是很重要的，因为用户一般无法在一个页面之内完成他们的任务。无论是注册、拍照，还是简单的确认对话框，你的产品方方面面都有赖于页面的**流畅**衔接，即用户流的顺畅程度。

"既顺畅又符合逻辑的用户流"是一个伟大产品的重要体现。优秀的用户流往往贯穿于伟大产品的方方面面。很多情况下，规划你的产品的用户流也能帮助你确定最适合于每一步的交互，举例如下。

- 这一步需要一个屏幕，还是只要弹窗即可？
- 这一步需要另一种数据展示形式，还是只复用上一屏的数据表即可？
- 考虑到这也许是一个不可逆的操作，这一步需要用户二次确认吗？

更广义地说，用户流在产品设计的这个阶段至关重要，因为这一阶段会确定产品诸多的细节。

- 在你设计的用户流中，人们从哪里开始：从直接打开产品开始，还是从产品以外的地方跳转至产品？
- 你的用户在这一步是否带有先入为主的假设：他是新用户吗？是否只是试探性地使用？是否小心翼翼？或者是希望尽快完成任务的老用户？
- 在每个页面，你的用户可能做出什么选择，每一种选择会将他们带往何处？
- 你应该提供哪些数据？
- 另一方面，你需要用户输入哪些数据？
- 如果出了问题（或者进展顺利）怎么办？产品会显示什么，将把用户导向何处？

早期的准备工作也能为后期减负。这个文案对你的团队也能起到迭代提升的作用：让他们跟进你的想法细节，进一步明确各自的投入最终如何组成最终的产品，并且在用户流修改时及时根据文案调整。

这也是这个阶段文案即使啰唆些也没什么的原因。因为编写文案所需的投入较少，所以最好把所有你们要应对的变量都提到台面上来讨论。此外，当你们根据用户流制作交互原型、接着上线产品的过程中，用户流很有可能会有一定程度的修改。

那么，文案该从哪个部分开始构建呢？当然是先聚焦于产品的精华部分，从产品的核心用例开始，然后据此引申出剩下的部分。先规划主要用户流，接下来你就能据此调整次要用户流。换句话说，你的产品的次要功能应该服务于主要用户流。这种设计方式也方便将用户引向产品独一无二、对用户最有帮助的功能点。

举例来说，Snapchat 的技巧是将拍摄控制页作为用户打开应用程序时看到的首屏。因此无论你在何时打开 Snapchat，这个应用程序总是先打开摄像头。这让应用程序的其他操作——如观看其他人的 Snap 动态、设置选项，以及添加好友——都变成了次要操作，它将内容创作提升为产品最为鼓励的用户流。这还带来了另一个好处：使新用户渴望浏览他人的 Snap 动态（如图 4-3 所示）。

图 4-3
Snapchat 的商业展示板

产品概览

Snapchat是一款拥有多种功能的应用程序。用户可以通过Snapchat来实现一对一、一对多以及个人面向大众的联系及交流活动。用户可通过静态照片和视频来分享自己的难忘时刻，并可借助滤镜、插入标题和涂鸦来让记录下的这些难忘时刻变得更加有趣和个性化。

应用程序首屏

一对一通信和视频聊天页

呈现你直接发出的快照以及来自好友的信息

用来拍摄照片和视频，可选择滤镜、插入标题和涂鸦

故事信息流：混合了你自己、你的好友、你关注的品牌、名人，以及热门事件的信息流入口

管理好友和关注者

左右滑动查看

那么，你该如何描述用户流呢？如何用一种最有效、最灵活的方法将想法从头脑中呈现出来，同时又能保证你的团队充分理解？

我听说过的最为独特的规划方法之一——也是我自己采用的方法——是乔恩·特劳特曼创造的，他是家庭安防领域创业公司 Canary 的联合创始人及首席创意官。Canary 总部位于纽约，这家公司销售的安防设备、软件套装使你在任何地方都能轻松地掌控家中的情况。特劳特曼负责该公司的硬件和软件设计，具体负责移动应用程序和 Web 应用程序套装的设计。

特劳特曼在这个阶段会避免一切可视化的描绘，他选择在文本编辑器 TextEdit 中规划所有的用户流。他这样做的考虑主要是通过约束自己来避免在这个阶段聚焦视觉或布局等细节。如此一来，他就能更好地专注于界面内容以及每一个页面的目标。此外，因为写文案是界面设计的一部分，所以他同时也会负责设计界面细节等工作。

> ……（但）我开始构思界面时喜欢用 TextEdit，把它当作内容储备库，先在这里构思将要在页面及应用程序上运用的内容。我喜欢在 TextEdit 上整理内容，因为这样工作感觉很顺畅，我已经这样工作了一段时间了。初次采用这种工作方法时，还是感觉到了诸多限制，这迫使我暂时忽略视觉呈现，从内容的角度思考。

这也是一种团队合作时非常方便的辅助工具，并且文案为团队成员提供了一种方便快捷的途径，以便直观感受你构建的用户流。

> 我们将（原始的 HTML 流）作为和团队成员合作的方式，并且以此确保成员后续工作时能设计和开发正确的内容（避免诸如"嘿，这是我们想要在这页上出现的内容吗"等互相质疑的情况）。在这个阶段，将文本转换成纯粹的 HTML 原型是非常简单的团队协作方式。然后团队成员会从头到尾走一遍流程来测试，确保它感觉上是合适的用户流，页面元素布置合理且信息架构明确。接下来就以这个文案为基础，提高产品的保真度。

特劳特曼发现，通过这种方法，团队能够快速确定用户流中的某个页面或者某个部分是否多余。

> 使用 TextEdit 迫使你关注线性流程，然后你就会开始关注优先级。思考内容中的哪一部分需要下移，或者提高层级——无论你是要将其分成单独的页面还是分成不同的流，你都得分级排布，根据底层设计为内容分配等级。这会迫使你削减不必要的内容，使其更短小精悍，并优化原有的规划。对我而言，该阶段的准备非常关键，是我必定会准备的文案。

规划你的用户流是为了回答以下问题：用户如何进入某个特定功能以完成他们的任务？他们如何完成这些任务？他们接下来该去那个页面？用户可能的顾虑是什么？

这些问题如何串联到一起解决？通过草图、图表，还是思维导图？

特劳特曼的办法也许并不适合你。可能这个方法没有运用图像化思维，或者太过于极简主义。

凯特琳·弗里德森还是上市公司 Care 的移动应用程序产品经理时，就常常用流程图来和设计师以及工程师沟通一个新产品的主要用户流（如图 4-4 所示）。"虽然及时把文案交到开发者手里是很重要的，"弗里德森说道，"但我认为，与其仓促地交出不成熟的文案，还不如多花些心思在用户流、功能或产品上。这么做是为了避免更大的浪费。"

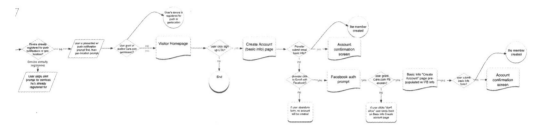

图 4-4
凯特琳·弗里德森在 Care 公司时与设计师常常通过流程图来沟通产品问题

但在这个阶段，她并没有因为"可能交出考虑不周的东西"而阻止开发者预先考虑未来的新功能：

> 即便这个阶段我们要负责准备文案，开发者也有属于他们的迭代周期任务——研究我们未来将要开发的功能。例如在 Care 公司，我们构建了一个点对点的成果交付流程。我们团队了解将要和哪家支付服务运营商合作，并明确 4~6 个需要构建的用例。开发者会在我们准备文案时，为这些用户流做研究甚至写代码，与 API、测试等相整合。他们可以在这个阶段准备一些疑问，以便后续向我们咨询，例如一些没有在产品文案中说明的问题。

换句话说，弗里德森利用她的用户流程图帮助开发者更具体地思考问题：

> 比起设计和用户流，先专注于开发者能够及时从后端角度着手处理的方面（如用例）。这些用例可以通过用户流（主要由方框和箭头组成）轻松、快捷地呈现出来，并且能同时罗列出多种用例。例如，如果一位用户的信用卡失效了，那么我们该给出什么提示？

不能因为设计师还没有考虑好所有的加载状态或错误页面，所以就推迟文案交付的时间。弗里德森"边思考、边演进"的用户流策略确保团队能够继续前进，即使一些东西尚未最终确定也不要紧。

戴奥真尼斯·布里托是 LinkedIn 的产品设计师，他倾向于将用户流规划阶段看作在头脑中整理一切变量的个人化工作：

我一直都在用笔记本，而且我认为它是设计师工具箱的重要组成部分。我的笔记本中出现最多的是思维导图一类的东西。我在其中罗列出所有需求、应该思考的各种问题以及相关要点，还包括设计特定产品的过程中应该一直铭记的原则。

我会用笔记本来辅助思考所有的选择和规划方式，一般收尾的内容是关于信息架构的思考。笔记的分类往往很复杂。如果我们将其他类型的产品设计方法运用于此呢？如果我们把不同的方法相结合呢？

在我自己的项目中，我喜欢采用 J. K. 罗琳的技巧——首先用文字和箭头在一张纸上打草稿，然后再像布里托一样画出思维导图。这首先是我个人的一种尝试，能够整理我的思考以及解释各种各样的变量。下面是一个注册用户流的例子，我作为产品设计师，为一个移动产品构建了这个用户流（如图 4-5 所示）。

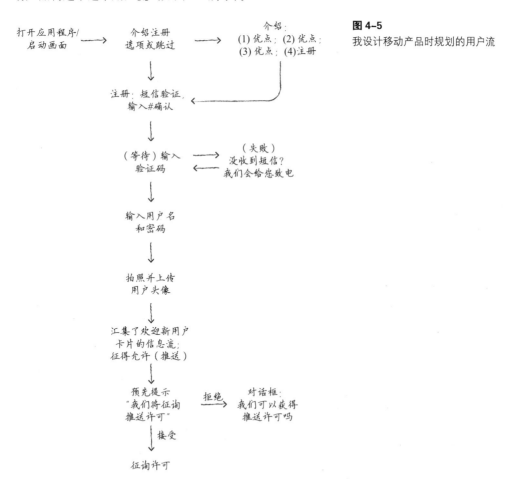

图 4-5
我设计移动产品时规划的用户流

通过主要用户流，我进一步连通每个页面的关键功能。有了概括词后，再构思每个页面的具体细节。你可以在上面注册用户流的"介绍"部分体会到我想表达的意思——我知道我想在这里（介绍页）强调产品的 3 个优点，但我还不知道具体该写什么优点。这时就可以先找个概括词简单代替一下。

以下是一个更为复杂的用户流，包括一系列分支——在个人信息页面，从两个照片源中选择一个导入照片。如果你选择从 Instagram 导入，该出现什么？选择 Facebook 呢？如果你还未授权 Instagram，或者授权失败了呢（如图 4-6 所示）？

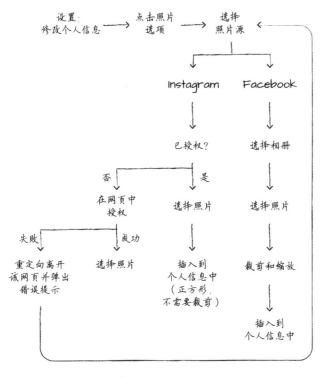

图 4-6
厘清一个复杂的用户流，可以方便将一些步骤复用（如图中出错后再次回到选择照片源），这也方便之后的设计与开发

我喜欢这种方法，原因之一是它能很方便地强调在什么地方、什么时间返回某页，并复用一部分用户流。例如，如果我试图授权 Instagram 而登录失败，则页面就会跳转回"选择照片源"，并弹出错误提示。

从这个阶段开始，我比较喜欢和项目的工程负责人聚在一起，共同检查流程的每一步。这个阶段，我们会权衡两方面，即对用户来说合适的设计与技术上能够实现的设计，以删去和调整不切实际的想法，从而得出合理可行的用户流设计方案。

如果有必要的话，我们会把这些流程图转化为保真度更高的版本，就像弗里德森创造的那样（见图 4-4）。这样通常能满足公司范围内更广泛地"传播"用户流程图的需求。

以上是主要用户流的大体框架，但是每个页面具体怎么构思呢？

我们接着往下看。

构思每个页面

构思主要用户流是工作的一部分，而构思每个页面的具体细节则是界面设计工作中最有价值的部分。这是因为，就像拉斯金在《人本界面：交互式系统设计》中所写的："在用户看来，界面即产品的全部。"[7]

提前规划关键用户流如此重要，就是因为每一屏都基于特定的情景而设计。成功的页面设计应该保证前后页面衔接得当。

那么，你该如何确保已经考虑到了做出成功页面所需的所有要素呢？

第一步就是战胜恐惧。欧内斯特·海明威——无论他是否真的说了这些话——现在有一句公认的名言："任何文本的第一稿都不堪卒读。"[8]

Quirky 的产品设计师赖恩·舍尔夫就明白这一点："我认为画草图是非常重要的。根本就没有糟糕的创意这回事。我们仔细考虑、构思产品创意时，很重要的一点就是，团队需要认识到没有什么所谓的'糟糕的创意'。总得有人抛出第一个想法，而且通常要靠这块'砖'引来后面的'玉'。"

把你的页面草图想成一张任你挥毫的空白画布，上面一切皆有可能。就像 J. K. 罗琳在一张白纸上草拟情节线索一样，抓住这个时机，把所有疯狂、愚蠢、不可能的想法都从你的大脑中引出来吧。

列出所有你认为需要出现在具体页面上的东西，可能包括：

- 用户信息，比如姓名、年龄、个人简介、工作职位，等等；
- 两个或两个以上的共同点，比如共同的好友、兴趣或者都去过的地点；
- 照片、视频或者任何类型的富媒体；
- 产品允许的主要及次要操作。

说实话，这个列表可以包括任何元素，前提是这些元素能确保产品履行其对用户的承诺。举例来说就是一个引导用户行为的提示：你最希望他们采取什么行动，以及为了使他们做决定更轻松而提供的必要信息。

注 7：杰夫·拉斯金，《人本界面：交互式系统设计》。
注 8：参见 *Writer's Digest* 杂志网站文章 "Get Messy With Your First Draft"。

我建议把这个列表放到页面草图旁边，这张草图是根据你头脑中预想的界面绘制的。如图4-7所示，我为一个假想的个人信息页制作了一个备选元素列表。我列出了能加入的所有可能信息，还有一张描绘信息排布的草图。这样一来，在列出这些元素的同时，就将其可视化了。

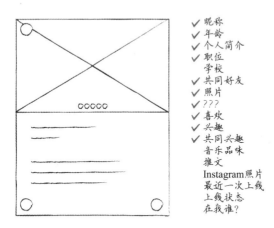

图 4-7
在页面草图旁边列出其可能需要的元素

请注意，我罗列这些页面元素时，尚未考虑优先级。这是因为还在探索阶段，目的是找出屏幕上可能会出现的元素。

这样做的好处在于，你可以把那些不理智的、疯狂的想法及时排除。一旦你把它们都写下来，你就能作为旁观者来审视你自己的想法。

这是因为你要考虑现实条件。就像计算机的数据集要加载特定类型的数据一样，你在设计时也要考虑来自客户端的限制——桌面端、iPhone、Android、Windows Phone——你明白我在说什么。需要哪些关键元素来传达这个页面的用意？为了达到这个页面的理想状态，你都需要做什么？

我们将在第 6 章探索页面的理想状态，但对当前阶段而言，你应该通过草图探索页面的理想版本。而对页面理想版本的构思应该从核心问题开始——它的主要目的是什么？你可以排除哪些不适合当前页面的元素？

互联网发展历史上有个绝佳的例子——杰克·多西对于 Twitter 的最初设想（如图 4-8 所示）。[9] 2006 年，多西画了一个即使你在今天也能认出来的界面。这是因为他擅长提炼和表现符合产品用例的界面组件特征（无论它们曾经是多么直白）。

注 9：来自杰克·多西（Jack Dorsey）的 flickr 相册。

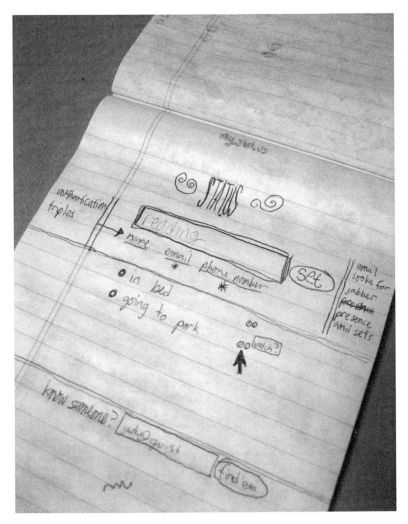

图 4-8

杰克·多西绘制的
原始草图，草图所
绘的产品便是后来
的 Twitter

另外，请注意，多西的草图上关于产品潜在发展方向的预计与实际的 Twitter 发展路线并没有完全一致。虽然我们现在来评说不过是"后见之明"，但即使在 9 年之后，Twitter 仍然秉持着多西最初草图设计的核心原则（如图 4-9 所示）。

总之，你应该首先用草图来构思产品的流程和简单界面，之后再在计算机上设计控件，这样做益处多多。这是因为你能在付出巨大的投入之前，及时排除糟糕的想法。即使在这个早期阶段，你也能够完成界面设计极其重要的一步——做出一份真正的界面设计文案。

优秀界面设计文案的特点

从文字开始构思界面的好处在于，它能帮助你为产品定下基调，特别是当你已经用我们前面讨论的方法研究过产品的受众之后。

这些早期的文字构思对你将要构建的界面而言是重要的基石，因此最好不要做得太草率。

Canary 的乔恩·特劳特曼在这个阶段会避免使用任何类似 Lorem Ipsum 的占位符来凑数（甚至连我最喜欢的 Riker Ipsum[10] 也不行）：

注 10：Riker Ipsum 是和 Lorem Ipsum 一样的占位符，其中的 Riker 来自《星际迷航》中的 Riker 指挥官。

——译者注

我会写下产品将实际呈现的文字内容。我认为，这样做会迫使你避免输入类似 Lorem Ipsum 或 "这里是标题" 等占位符。你一开始就应该按照实际会用到的文字内容来构思文案，这会儿可不是研究字体大小或者类似问题的时候。设计界面是要一步一步按顺序来的……

为了确保你的文案有一个好开头，下面给出 4 条广泛适用的原则可以借鉴。

谁是产品的受众

谁在用你的产品？他们使用你的产品时，是否在每个页面都能顺畅操作？他们是刚刚知晓你产品的功能，还是经验丰富的老用户？他们是已经购买了产品服务，还是仍然在使用免费版？

为了迎合用户，使用你研究用户时搜集到的用户群体惯用语。对用户而言，什么语言及术语表达是辨识度最高的？

但不要把用户的惯用语和你们团队的行话互相混淆。公司内部行话——比如项目昵称、错误代码、首字母缩写、行内笑话或者占位符文案——都不能出现在产品界面中。你的工作是让产品在其受众看来——而不是在你们看来——简单易懂。

该用什么风格来写文案

优秀的界面设计文案不会过于技术化，不会过于含糊，也不会充满品牌或网络热词。它是对用户的任务有帮助且便于用户理解的，而且设计师应该善于把握呈现正面、负面提示的时机。

你的产品是为股票经纪人设计的，还是面向十几岁的少女、图书作者，或者注重环保意识的妈妈们？你考虑产品文案风格时应该意识到这些。幽默、严肃、冷淡以及其他的风格都有各自的用武之地。

不过，最终敲定的风格要体现产品能够履行最初宣传时的承诺，也就是用户可以依赖该产品，实现它承诺做到的事。

用户处于何种情景

你在考虑怎样的使用情景？是产品登录页、注册表格、设置页，还是用户第一次使用产品会看到的页面？是配送方式选择页面，还是对用户特定操作的响应页面？

优秀的界面设计文案会考虑到用户在哪里使用，并呈现合适的文字，方便用户决定接下来该采取什么操作（如果需要的话）。大部分情况下，一个页面向用户呈现的信息就是为了让他们做出选择。此时，要尽可能清晰地表达：对于用户而言，哪个决定可能是最佳的。

高效的界面设计文案还会考虑到情景存在的限制。比如，如果你通过短信向用户发送信息提示，那么应该用词礼貌，并且将文本长度限制在 160 个字符以内。

据我所知，优秀的文案撰写人员应该如同新闻编辑那样，努力创造一个言简意赅、易于理解的文案，它能够简洁地描述用户面临的每个可能的选择。文案的目标在于，让用户可以毫不费力地理解当下的情况——这样一来，你的用户不需要提问就能知道接下来该做什么了。

产品是否遵循一致性原则

人类是具有习惯的生物，而你的用户往往会迅速适应产品的模式。这就是为什么让产品的标题和指令保持一致性是非常重要的。

用户能"登录"然后"退出"吗？前进至下一页是点击"继续"还是"下一步"？确认信息显示的是"OK""好的"还是"确定"？通用指令应该在整个产品中保持一致。

而且，如果可能的话，按钮的文本应该清晰地表示其具体用途。按钮名称最好由一两个词组成，它们往往描述了按下这个按钮的后果。"发送信息""拍照""留言"以及"稍后提醒"，这些名称都远比通用的"提交"更富有针对性。

你要留意你的产品所在行业的惯用语，以及使用产品的地区特点。如果当地人普遍认为"摄像头"是"照相机"的意思，那你就应该这样表达。

考虑地区差异也是为了保持一致性。在美国，使用"邮区代码"还是"邮政编码"是值得思考的问题，"州"还是"省"也是。同时注意你表达日期的方式——大部分国家先显示日期，再显示月份。

不同的文化有不同的规范。例如在英国，过多使用感叹号是很失礼的事。有多少人知道呢？**但注意这些方面是你的职责所在。**

总之，在这个阶段，你能够在几乎不投入多少成本的情况下恣意创作。产出真实、具体的文案会让产品进一步具体化，因为在下一个阶段将需要提高产品的保真度——我们会把这些页面构思转化为可以在团队中流通的交互式原型。

可分享的笔记

- 界面设计始于文案。投入大量时间创造下一个伟大用户界面之前，先花时间规划好产品中的每一个用户流，然后再开始做每个页面。
- 对页面文案构思阶段而言，先从较低的保真度开始。针对每个页面写下你的奇思妙想，甚至可以搭配一张你头脑中预想的界面草图。列出所有可能出现在页面上的元素。

- 评估页面上呈现特定数据需要投入的资源支持，排除不需要的元素。明确每个页面的侧重点及目的——你的受众需要看到什么才能理解当下发生的事？他们需要什么元素引导才能在每一步做出正确的选择？
- 最终，通过构建用户流和页面创造能够消除用户痛点的合适产品。开始时可以尽情发散，然后再一点点收缩、集中——因为在下一阶段，我们将把这些页面构想转化成原型。

现在动手

- 在下一个项目中挑战自己吧，用最简单的工具开始构思页面文案，你只需要空白的文档和一条闪烁的光标就可以开始了。
- 考虑一下你的产品文案应该选择哪种风格：随意、诙谐，或抚慰人心？你该如何利用这种风格，使产品赢得用户的认可及信赖？
- 对 Lorem Ipsum 等占位符说不（我个人最喜欢的 Riker Ipsum 也不行）！

访谈：乔恩·特劳特曼

Canary 是一家以家庭安防与监控硬件及软件为主的创业公司，乔恩·特劳特曼是联合创始人、首席创意官。Canary 最初是 Indiegogo 网站上的一个众筹项目，后来总共筹得约 200 万美元，成为 Indiegogo 历史上最成功的众筹项目之一。乔恩还是 Designer's Debate Club 的联合创始人，以及共享办公空间公司 General Assembly 的前产品设计师。

我喜欢分析你构建产品之初使用的策略。你是从草图开始的吗？你一般的工作流程是怎样的？你会用到什么辅助工具？

我认为我的流程中最重要的辅助之一就是我的合作者，即和我一起工作的人。在我的事业早期，我更愿意一个人解决所有问题。虽然现在我仍然有一些这样的倾向，但我也逐渐认识到，一起工作的团队能给我很多支持。我认为在产品开发早期，设计师就应当与团队成员一起讨论和制订计划，并且彼此间互相学习、通力合作，而非项目一启动，设计师就躲到一个角落，开发者则躲到另一个角落，埋头干各自的事情。从一开始大家就应当紧密合作。我甚至会把合作看成一种对开发产品而言重要的辅助工具，因为对于整个开发流程来说，合作实在是太重要了。

然后，可能是更多具体的设计工具。有趣的是，我的很多设计工作都是通过 TextEdit 开始构思的。

此话当真？

是的，这很有趣，因为它可不属于设计软件，我甚至无法通过它探索视觉和布局细节。但我开始构思界面时喜欢用 TextEdit，把它当作内容储备库，先在这里构思将要在页面及应用程序上运用的内容。我喜欢在 TextEdit 上整理内容，因为这样工作感觉很顺畅，我已经这样工作了一段时间了。初次采用这种工作方法时，还是感觉到了诸多限制，这迫使我暂时忽略视觉呈现，从内容的角度思考。接下来，如果我的工作是设计某个网站或者 Web 应用程序，那么就能很方便地从 TextEdit 上直接复制一些内容，然后将其转化为 HTML 语言，加上 HTML 标签。

这种办法很好。

我大概花了 6 个月的时间重新设计了 General Assembly 的网站，之后投入使用。我们完全从零开始，先从内容入手。

在此过程中，我们就是这样做的：用 TextEdit 开始构思。

我们将（原始的 HTML 流）作为和团队成员合作的方式，并且以此确保成员后续工作时能设计和开发正确的内容（避免诸如"嘿，这是我们想要在这页上出现的内容吗"等互相质疑的情况）。在这个阶段，将文本转换成纯粹的 HTML 原型是非常简单的团队协作方式。然后团队成员会从头到尾走一遍流程来测试，确保它感觉上是合适的用户流，页面元素布置合理且信息架构明确。接下来就以这个文案为基础，提高产品的保真度。

如果你想用代码直接进行设计，接下来可以开始在元素周围添加一些 CSS，让它看起来更丰富，并增加一些层次感。

这差不多就是我的草图工具了，因为就像我前面说的那样，我的设计速度很快。这种方法真的很方便，以构思草图开始，然后再优化一些视觉细节。但接下来我会回到 CSS，然后开始添加符合设计的规则集。我做网站设计时就是这样做的。当前，我正在用同样的方法设计 iOS 原生应用程序。我认为，可能从专业角度来看，设计网站和设计应用程序用到的工具和流程是相似的。但目前为止，对我而言，这是一个很有趣的新挑战，因为这是我做的第一个原生应用程序。这两种工作确实有一些不同之处。

至于文本，我知道文本听起来不是很贴近设计领域，但互联网根本上就是由文本文件组成的。事实上，互联网的一切都是围绕内容建立的，而用文档构思会迫使我在设计时首先思考这方面。

我会写下产品实际呈现的文字内容。我认为，这样做会迫使你避免输入类似 Lorem Ipsum 或"这里是标题"等占位符。你一开始就应该按照实际会用到的文字内容来构思文案，这会儿可不是研究字体大小或者类似问题的时候。设计界面是要一步一步按顺序来的，而且这也符合当前移动端优先的思考方式，无论你是否在构建一个移动端页面。可能你确实在这么做，但即使你没有，也应该采用类似的思考方式。嘿，如果用户每次只能看见一部分元素，或者用户以线性布局来浏览怎么办？那么就不再有像 Web 端那样足够的空间展示列表和大量元素了。使用 TextEdit 迫使你关注线性流程，然后你就会开始关注优先级。思考内容中的哪一部分需要下移，或者提高层级——无论你是要将其分成单独的页面还是分成不同的流，你都得分级排布，根据底层设计为内容分配等级。这会迫使你削减不必要的内容，使其更短小精悍，并优化原有的规划。对我而言，该阶段的准备非常关键，是我必定会准备的文案。

既然你最初只关注这个方面，你是否发现通过这样的构思方法，你的文案变得更加简洁了？

是的，就是这样。我认为文案是设计的一部分，就像表达是设计的一部分一样。当你通过这种方式设计时，它会防止你采用颠倒的工作顺序：为了配合设计而写文案。这是错误的做法。

这真是太棒了。接下来能否再讲讲，我们该怎么提高这些 HTML 原型的保真度呢？具体工作流程是怎样的？

可以拿我做过的 General Assembly 网站作为案例。我会先解决信息架构，确保架构合理。接下来，我会与团队直接分享这些文本文件：我会将很多 HTML 文件做成一个压缩包，然后发给部分团队成员，让他们试用一下。他们会在自己的计算机上解压。只需要把 HTML 文件拖进浏览器，然后就可以试用了——一般是还未进一步设计的、或者粗略设计过的网站原型。他们这样做时——我一般会给他们一下午的时间来试用这些文件——我则会继续研究原型和设计方案，把控件挪来挪去，质疑原有的构思方案，然后在 HTML 里做出修改。我会在这两种活动之间循环往复很多次，以产出保真度更高的原型。

到何种程度你才会发起最后的冲刺，将各部分确定下来？你的团队如何就产品的外观和使用感受达成共识？而你在什么时候才会将设计方案确定下来呢？

这得视情况而定。如果不是受客户委托交付什么产品，而是你对产品全权负责、需要不断改进，这就取决于你了。随着构思、设计过程中原型保真度的提高，产品就会在这个过程中自然而然地确定下来。

你必须果断。我喜欢做迭代的产品，因为你总会把所有产品都想成是可以迭代的。你总是在改进产品、删去一些不必要的东西，以及尝试新的东西——但与此同时，我在我参与的项目中都是果断进行决策的。

这样一来，你一直都得做决定，当某个做法很有效时，你会说："好吧，这个应该不会改了。"你就会确定加入这个功能。我不知道是否可能出现这种情况：你在确定一个方案后，忽然又说："现在我们不用这种格式了，改用那种格式吧。"但你之前已经做出了决定。有时情况就是如此，但对我来说这也很正常。

我认为产品设计是包罗万象的，用户体验也是如此，其核心绝对不只是一个应用程序。用户体验设计和产品设计的核心不在于应用程序，不在于页面，也不在于一个用户流。

产品设计的核心是人，以及人的体验，而这既包括他们看到的东西，也包括他们会用到的一切页面。这包括他们使用它（我们正在开发的产品）时坐在椅子上的感觉，或者在街上走路时使用的感觉，也包括用户和产品交互时的感受。

这包括了产品的营销、表达方式、文案以及情感传达等多个方面，这些元素在人们停止和页面交互后还会留在他们的脑海中。我现在设计的产品叫作Canary，我们称其为"全世界首个人人都能使用的智能家庭安防设备"。这个设备用起来很简单，你真的只需要给它接上电源就行。这个设备具有一切必要的传感器以及一个高清摄像头，它能实时监控你的家并且允许你通过智能手机随时查看。

我提起这个是因为，我们现在设计的产品绝对不只是一个应用程序，甚至也不只是一个设备。两者都包含在其中——这两者只是你能触碰到的东西，就像你放在书架或什么东西上的设备，以及你每天都会与之交互的智能手机应用程序。但产品更像是一种体验。设备、流式传输、用户流、交互以及诸多应用程序中的技术是重要的，但只有在技术让用户能够和自己的家园、家人连接得更紧密，并且拥有这种前所未有的产品体验时，技术才是重要的。

产品设计包罗万象，而且几乎无法明确定义。这是因为如果要定义的话，产品设计包含的种类清单将绵延无尽——它是你创造的和体验有关的一切。

我认为，通常来说，作为一位设计师，产品设计的一部分就是关心他人、为他人着想，以及努力做到将心比心。当你这样努力时，你积累的独特经验就会越来越多，而且你就越能与同你不一样的人（各行各业的人）产生共情。你必须努力争取那些能打破自己封闭思维的体验。即使人们都认为自己没有偏见，实际上人们却还是有各种各样的偏见。

你必须做一些能够让你对他人产生共情的工作，思考其他人是如何感知这个世界的。我认为这会让你成为一个更好的设计师。

第5章

触手可及的原型胜过理论推想

原型：顶得上1000个模型 [1]

设计需要清晰地传达信息，不管用哪一种你擅长的方法来做。

——米尔顿·格拉泽

就 1977 年的电影《星球大战》中的两组关键镜头来说，乔治·卢卡斯想要拍出一种超乎想象的场面：太空中的混战。

"我当时完全不知道该怎样做才能完成这个任务，"关于这两组镜头，卢卡斯说道，"（所以我）招揽了一些人组建了工业光魔公司（ILM）。我们必须开发出特别的技术来合成（这些战斗场面）。" [2]

当时，电影的连续镜头通常都是由静态的、画好的分镜来呈现的。但卢卡斯明白，对于他们要实现的特殊场面而言，必须做出更强大的东西才能把脑中设想的场景表达出来。

我们必须通过障眼法……将创意构思、动效、真实的混战镜头以及各种各样的实拍素材剪辑整合到一起，以产出动作场面的连续镜头。

在传奇电影剪辑师玛西亚（后来与其有过一段婚姻）的帮助下，卢卡斯一共剪接了时长 8 分钟的 16 毫米制式电影，这段剪辑包含了动作场面的每一次运镜。

注 1：这里的模型指无法与之交互的界面，原型则指可以交互、测试，已具备一定功能的界面。——译者注
注 2：参见《星球大战》电影英文官方网站的访谈视频 *George Lucas Interview: Aerial Dogfights in Star Wars*。

完成分镜之前，我们用录像带转录了所有过往播出过的（包含空战场面的）战争片，于是我们就拥有了过往战争片的素材库，包括《轰炸鲁尔水坝记》《虎！虎！虎！》《不列颠之战》《密战计划》《独孤里桥之役》《六三三轰炸大队》以及45部其他的电影。我们把这些电影都研究了一遍，然后挑选出一些场景，作为《星球大战》镜头的参考。[3]

《星球大战》的镜头充分学习了过往战争片中剪辑到的优秀场面，有些几乎如出一辙。例如，《梦之帝国：〈星球大战〉三部曲的故事》这部纪录片中，有一组镜头展现的是"千年隼"号逃离死星时的情景，旁边对比的是乔治·卢卡斯从1943年的黑白电影《空军》中剪下的片段。二者的分镜、道具的运动以及演员的反应几乎一模一样。

卢卡斯不惜借助任何他能得到的工具，来将头脑中的想法搬上银幕。

> 我们总是想尽办法为观众营造运动感。对于《星球大战1：新的希望》中最后的战役，我借鉴了第二次世界大战纪录片中的片段、飞机空战场面等类似的影像材料。

> 在《星球大战2：帝国反击战》中，我们必须先做出一系列关于天行者移动、战斗爆炸场面等构想的动画分镜。《星球大战3：绝地归来》中，我们制作了"恩多"星上的飞行摩托车的模型，然后用摄像机拍摄了这些固定在棍子上的小模型掠过镜头的片段。[4]

卢卡斯渴望在实地拍摄**之前**就对镜头有更全面的掌控，这种追求使他不知不觉中偶然发现了一种技术，而他正是利用这种技术突破了当时电影制作技术水平的限制。从本质上看，卢卡斯设计了一种在不涉及演员、工作人员或者地点的阶段就预先制作出场景原型的影片制作方法。

在此之后，原型也改变着产品构建的过程——原型的出现，使得团队在费时费力地创造出一个完整产品（而且可能还不正确）**之前**，就能够有机会提高产品的质量。

"当我们开始制作《星球大战前传1：幽灵的威胁》时，实际上已经能够通过数字动画，用一种更加精细的方式做出分镜，"卢卡斯描述道，"最终，我们要依靠这些分镜确定电影将如何拍摄剪辑。这就相当于我们制作了影片的一种原型，它与之后和上千人一起拍摄的真人版本类似。如果用故事板的话，那可做不出这种原型，但通过计算机对连续镜头进行预先模拟就能做到（如图5-1所示）。"

注3：参见 *George Lucas: Interviews*。
注4：参见纪录片 *State of the Art: The Pre-Visualization of "Episode II"*。

图 5-1

电影《钢铁侠3》为电影场景制作的计算机预先模拟示例，Westlawn Productions出品。卢卡斯对这些技术的持续应用，最终在《星球大战》前传的电影制作中达到了巅峰。这种预先模拟还未加入匹配场景设计语气的对话、音乐以及过渡音效。在实际电影中，最终的镜头紧密按照预先模拟的原型动画来拍摄，并加入了真实的演员、背景音乐以及特效

JARVIS- Yes sir.

纪录片 *State of the Art: The Pre-Visualization of "Episode II"* 讲述了卢卡斯如何用一页概要确定一组特定的镜头。确定概要之后，工作人员会开始绘制故事板，其内容主要关于电影中要出现的一系列动作场面。另外，故事板上还会注明特定场面的大致视觉风格。

把这些静态故事板当作模板，编辑接着才会真正走进"早期拍摄场地"，拿着手持数码摄像机拍摄阅读剧本台词的替身演员。他们也会使用像卢卡斯的法拉利或者《星球大战1：新的希望》中卢克的陆行艇那样的道具。

"你需要通过构建分镜影像才能从剪辑的角度明确前进的方向、连续镜头拍摄多长时间合适，以及这样拍是否值得。这是一个纯粹的研究变化的阶段——一切都和场面的变化有关。"卢卡斯说。

随后，卢卡斯会将拍到的素材粗略剪辑——把他最初在一页文字构想方案中规划的方案转化成原型。之后，他们也会补拍一些连续镜头、拍摄新的场面，并不断调整衔接过渡，直到感觉恰到好处为止。接下来，他们会通过计算机预先模拟，并且在拍摄真实镜头时将模拟动画预先呈现给真正的演员（比如伊万·麦克格雷格）。模拟动画随后还会被用作后期特效镜头制作的参考。

尽快构建有用的原型镜头——大家可以评判、修改以及提出改善建议的原型镜头——是整个拍摄过程的关键。

"如果没有某种模拟原型的帮助，我是没法拍出这些电影的。"卢卡斯指出。

我观看这部纪录片时，一种似曾相识的感觉涌上心头。这个过程看上去无比熟悉，而我也明白作为产品设计师能从中体会到什么。

创造产品与制作电影的过程惊人地相似。卢卡斯的那一页镜头构想，听起来就像第 4 章提到的用户流和页面规划。那么大致的故事板分镜和早期拍摄场地得到的连续镜头呢？

这就是卢卡斯版本的原型。

产品设计流程有了原型的帮助才能施展拳脚。原型是将思维具体化的代名词——帮助你从脑中提取想法，将其具象化，向团队、客户以及潜在顾客展示，让他们亲自体验。

一旦大致的界面文案出炉，用户流也规划好了，我们在这个阶段的目标就是要尽快做出能用的东西——**能用**是这里的关键词。对于不同的产品来说，"能用"的定义会有很大差别，一般位于 4 种限制的中心交叉处（如图 5-2 所示）。

保真度
　　原型当前的保真度足以传达你的设计想法吗？

时间规划
　　需要投入多少时间来传达你的设计想法？

受众
　　谁将负责评判你的设计想法？他们需要看到哪些部分才能理解这些想法？

便捷度
　　你当前使用的设计工具得心应手吗？

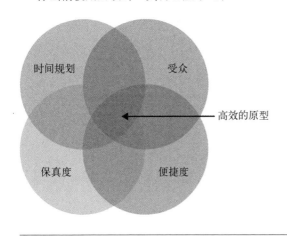

图 5-2
当你明确谁将评判原型、何时需要完成原型、保真度需要多高，以及你对设计工具的掌握程度时，产出的原型才能发挥最大作用

能用并不意味着原型的每个像素尽善尽美、配色方案具体详尽，或者（在某些情况下）提供全部代码。

凯尔·布莱格是 Exposure 的联合创始人（Exposure 是一种为摄影师群体设计的、在软件工作室 Elepath 内部安装的辅助工具），他更愿意把原型构建看作"做出一个能够运行的东西……一种完成度足够让你的大脑感受、思考的东西：'噢，这是一个产品，我能使用的产品。'我可以摆弄这个原型，然后体会使用这个产品时的感觉"。

布莱格用这些早期构建的原型来验证自己的假设："事情为什么必须是那样？我们为什么要这样做？想清楚这一点是最为重要的——这和审美无关，和最后的修饰无关，和最新设计时尚也无关。重要的是'我为什么设计这个产品，我是为谁而设计的'。我解决的是什么问题？我们要对产品有深入的思考，能够明确有力地表达产品概念、充分理解产品，而非只是'好吧，我们这样做，因为这很流行'。"

有一句古老的谚语，是给作家的启示：赋予笔下的人物个性时，要尽可能地"用故事体现而非直接描述"。这样做的目标在于，通过人物自己的经历（而非作者的经历）揭示其特点。

设计产品的时候，我们也有类似的要求。我们脑中也许充满了各种新鲜的交互方法、过渡方式、动效创意。但我们应该如何表达它们？我们该如何把它们从头脑中呈现出来？

通过"我比画，你来猜"的游戏来表达创意？我相信我们中的一些人曾经做过这种荒唐事。忏悔一下：我也曾这样做过。

无法"秀出"我们想要的交互和动效，这往往是我们设计产品时的痛点之一。

我们过去视若珍宝的静态原型不再能满足需求，因为这些东西本身就有很多限制。人为凑在一起的几张静态页面原型无法模拟体验真实产品时的动态效果及响应速度。

换言之，静态原型会妨碍我们讲述产品的故事。

让静态原型雪上加霜的是，我们现在设计的页面是可以允许我们点、捏、划、缩以及进行更多样操作的对象。我们的界面必须具有过渡、动画，并能及时响应手指的动作，这是无可回避的事实。

因此，随着鼠标正逐渐变成"古董"，我们现在要拥抱运动着的界面与用户流。要尽早体验产品的过渡部分，从而尽早避免雕琢出错误的产品或者——在我们这种情况下——错误的原型。

比网络流行词更重要

著名设计公司 IDEO 有一句名言：如果一图能胜千言，那么一个原型就能胜过一千场会议。

这是因为原型是一种沟通形式。它把想法实体化，使你、你的团队以及产品的用户都可以亲身体验这些创意。

我曾经惊讶于规模较大的公司是如何在这个方向上处于领先地位的。Airbnb、Evernote、Facebook 以及 Google 这样的公司都曾热情地向我们展示它们是如何把原型融入其产品工作流之中的。不仅如此，它们还向我们展示了这样做带来的真实可见的收益。

我们身边随处可见这样的人，他们努力做出各种便捷的原型设计工具，然后交到设计师手中。

先从显而易见的产品开始——InVision。在帮助设计师和非设计师将他们脑中的用户流具体化方面，我从未见过比它更简单、更面向大众的工具。通过它，我们可以用自然且合理的过渡，把手绘草图、线框图，甚至任何保真度的原型衔接在一起。

"InVision 是我首选的原型制作工具，很大程度上因为它能让我既快速又轻松地建立原型，还能无缝分享，"保利·廷在采访中说道，"它不需要技术背景，这意味着当我与没有技术背景的利益相关者一起工作时，对他们而言，这也是一种在设计过程中合作、参与以及提供建设性帮助的简单方式。毫无疑问，它是创造产品体验时最便捷的工具。"保利作为一名产品设计师，成果丰硕，与其合作过的有《财富》世界 500 强企业、大型零售商，以及几家世界最大的汽车生产商。

苹果公司的 Keynote 和微软公司的 Powerpoint 在原型制作领域的地位也越来越高。

"特别是对于应用程序设计来说，动效至关重要。我做过几个快速、低保真度的动效，以解释用户做出点或者划的动作之后会发生什么，"蒂莫尼·韦斯特说道，"通常，这些原型都是摆在静态线框图旁边的。然而，Keynote 仍然是这方面最好的软件。除了它，我不知道还有什么其他简单的产品可以让你对矢量图剪切、粘贴，并在其上完成核心动效，然后提供即时的预览。"蒂莫尼在产品设计方面经验丰富，曾经供职于 Flickr、Foursquare 以及 Alphaworks，当前正在运营自己的设计工作室（工作室名为"设计系"）。

但如果说有哪家公司敢于放开手脚，用自有的原型工具构建原创的交互，那就是 Facebook 了。他们自从上线 Origami（Facebook 基于苹果公司的 Quartz Composer 构建的一组综合性的原型设计工具、扩展包）开始，就不断地提高其原型制作水平。该产品最初是 Facebook 创意实验室为了给 iOS 应用程序 Paper 设计新的交互方式而在公司内部开发的（如图 5-3 所示）[5]，它开创了先河，随后 Pixate、Google Form 以及 Framer.js 等竞争对手纷纷涌现。甚至设计公司 IDEO 上线的名为 Avocado 的原型制作工具包也是追随它而诞生的。

注 5：参见《连线》杂志网站文章 "Facebook Shares Its Design Secrets in the Apple App Store"。

图 5–3

Facebook 旗下应用程序 Paper 的交互方式席卷了设计界。《连线》杂志随后揭秘：应用程序的交互是通过 Origami 开发的

而且，苹果公司有一个秘密（但长时间以来很多人都知道了）——它也有一套先进的原型制作工具，据传叫作 Mica。这是苹果公司自己研发的工具，为了让公司内部的用户界面（UI）设计师可以更轻松地设计交互界面。[6] 据传言透露，在 Infinite Loop 园区 1 号（苹果公司总部地址）该工具已经取代了 Quartz Composer，苹果公司用它来辅助设计师从事诸多层面的设计——从界面到 Final Cut Pro 插件应有尽有。

这并不是说原型制作只是一种公司的风尚——类似于使用透明玻璃白板或采用六西格玛（Six Sigma）管理法，或者是某些有钱又有闲的精英公司才能承担的事。

原型能够帮助我们这些做产品的人创造更好的产品。如果这还不够，那么将原型制作加入你的设计流程中，还能带来更多实际的好处：它能让你的团队更团结，帮助你更快做出决

注 6：参见 Designer News 网站文章 "Is Facebook's Origami the savior of Quartz Composer？"。

定，同时也能让你的终端用户更满意。

这可能算得上你的必杀技。

（此处播放约翰·威廉姆斯创作的《夺宝奇兵》主题曲。）

事实上，我曾经对原型制作持怀疑态度。我认为没有时间去做这件事，而且商业伙伴也可能会抵触在开发流程中引入新的东西。

当我开始学习如何制作原型并将其融入开发流程时，我找到了那些原型制作方面的前辈，实地参与学习：我的老师有 Wildcard 的产品设计师史蒂夫·梅萨罗斯，以及和大型公司（梅西百货、SiriusXM 以及捷豹）合作过的产品设计师保利·廷。

梅萨罗斯和科伊·荣一同构建了 Wildcard 最初的产品。科伊·荣是《纽约时报》前设计总监，他被《快公司》杂志誉为"美国最富有影响力的 50 位设计师"之一。他与梅萨罗斯共同负责 Wildcard 的界面设计和交互设计，梅萨罗斯的目标是将原生应用的性能和体验与产品在整个互联网的体验衔接起来。

保利·廷是 Tigerspike 的用户体验负责人，这家设计公司为《财富》世界 500 强企业（从大卖场零售商到互联网巨头）设计应用程序、移动网站。他的工作从一开始就需要他在巨大的范围内协调，因为他要满足的不仅是客户，而且还要考虑客户的上司以及客户的客户。

通过我们几个人综合的经历，我总结了我们在原型制作方面学到的东西、如何将原型融入开发流程中，以及如何才能让你避免我们曾在早期犯下的错误。

制作原型的目的所在

制作原型的第一个目的：在有限的时间或预算内测试、证明，或者概念化你脑中的想法。你要利用这种方法充分利用所剩无几的时间。制作原型能防止你把时间浪费在没用的、跑题的设计或功能上，并帮助你专注于展示一个非常具体的用例或流程。

"这很像黑客马拉松[7]。"保利·廷指出。

这个步骤的全部目的在于尽快表达你脑中的想法——原型的保真度要清晰到足以呈现你脑中的概念。

"对于 Wildcard 的开发周期来说，原型的交互和动效一直都是至关重要的，这让我们能够更加清晰有力地表达复杂的概念。"梅萨罗斯说。

注 7：源自美国，由程序员自发组织的一种活动，参与者需要在几十个小时里开发出一款智能手机插件并现场交付。——译者注

很多刚开始制作原型的设计师一开始就想做太多事，但原型制作的目的并不是一口气设计出整个产品的交互，或者制作出**美观**的东西。它的目的是展示特定片段的交互或流程。

制作原型的第二个目的与谁来评判它有关。明确原型的受众，会帮助你明确原型应该做到何种程度为止——它需要包括整个用户流或用户跟踪，还是仅仅一个简单的交互片段？它的保真度需要有多高？成功的原型是会说话的——其受众能够轻松理解它。

但这还不是全部。你得考虑当前有怎样的时间限制，考虑这个问题能帮你选出适合构建该原型的工具。

根据以上这些因素的考量，原型可以采用不同的形式。开始制作每个原型前，你都需要问自己这些问题。

我喜欢 Twitter 的产品设计师保罗·斯塔马蒂奥在这方面的观点，他设计 Twitter Video 时对以上这些因素做出了取舍：

> 虽然我喜欢夸赞原型，但我也清晰地认识到何时做原型是有用的，何时是在浪费时间。原型制作耗费的时间不可小觑，而且（当你开始需要思考存储状态和差分数组时）经常会带来与主题无关的技术难题。因此只有需要解答一些关于产品体验的重大问题时，我才会去制作原型。就像我们的一位设计师所说的那样，这些问题是无法用我的"心眼"弄明白的。我会让原型功能完备到足以解答当前的疑问，但我可不会多花一两天时间，就为了把每一项功能都转化成代码。[8]

"快速原型制作，即预先设置好时限并充分利用，为的是通过这个阶段筛去没用的、跑题的设计或功能，"保利·廷补充道，"一般而言，体验设计打磨得越好，就越容易给原型的受众留下深刻的印象，继而利益相关者接受这个产品的可能性就更大。话虽如此，但我们必须有理据支撑我们做出的所有决定。如果一个交互对于展示一个更好 / 更简单 / 更前卫的导航或体验方式是至关重要的，那么没错，我们会实现它。但如果它徒有其表，那就没有必要做了。"

记住，作为产品设计师，你的职责就在于决定你的团队需要构建的产品和功能。你需要尽可能快速而全面地掌握、定义以及表达你的想法。你定义和设计的产品必须能解决真正的痛点，并且你的团队应当能够在合理的时间限制内将它开发出来。

"原型可以服务于很多目的。你可以仅仅用它展示一个想法，也可以用它探索和测试想法，还可以用它推广一个想法或者通过它进一步构建 MVP。"保利·廷说道。

但原型归根结底是讲故事的工具。如果你可以通过原型而讲一个更好的故事，那么你在解决用户痛点的道路上就已经走了很远了。

注 8：参见保罗·斯塔马蒂奥的个人同名网站（Paul Stamatiou）上的文章 "Designing Twitter Video"。

这是因为，会讲故事的原型能充分体现产品在用户流方面的提升程度，使用户与产品体验建立情感连接。无论原型有多"原始"，它都能使用户沉浸在产品的体验中，亲自去发现当前产品与他们熟知的已有产品的关键区别及重大改进。

相比于只呈现单个的交互点，原型是一种更强大的方法，因为专注的产品团队对单个交互的理解往往是最深刻的。但通过原型，决策制定者或参与测试的用户能更好地理解特定的设计。通过结合特定交互在用户流中的位置，及其和任何已有交互之间的区别，他们也能更清楚地认识到该设计相比过去的迭代或者当前的产品能带来哪些改进。

一旦原型准备就绪，我们就应该马上利用它来驱动后续工作的讨论和决策。

关于这一点，有一个很不错的实战示例——Twitter（又是 Twitter），但这种形式你可能之前从来都没有看过。2006 年年中时，Twitter 可能会被误认为 Craigslist 的克隆。它没有CSS，只有两种简单的图片素材（黄色的星星和简洁的按钮）。界面上只有一个文本框、一个提交按钮，还有一个毫无修饰的 <ul>（无序列表元素）用于以倒序方式排列已关注用户的动态更新（如图 5-4 所示）。[9]

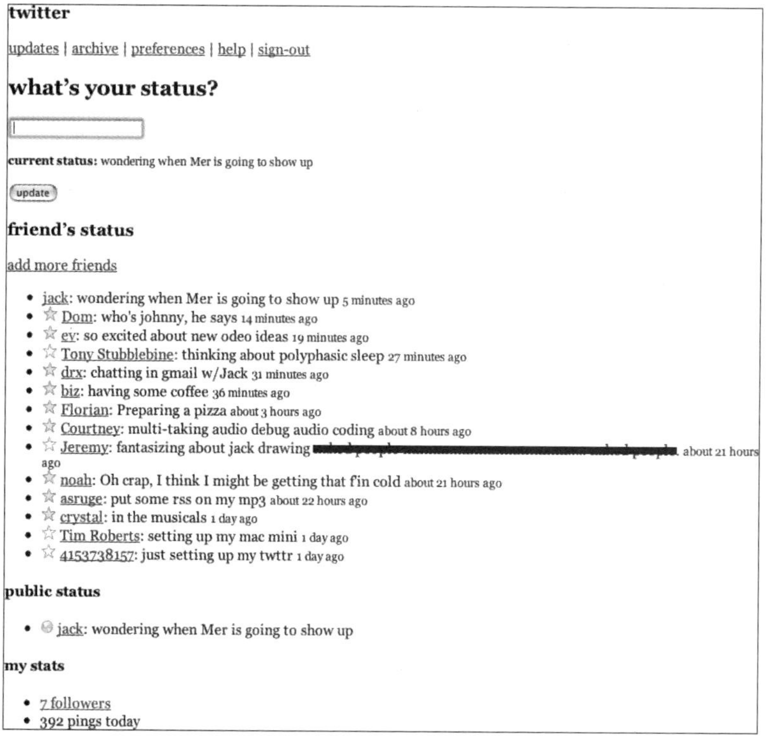

图 5-4

Twitter 最早的原型之一

注 9：来自杰克·多西（Jack Dorsey）的 flickr 相册。

它不需要多么花哨的用户界面或尽善尽美的像素级原型。一旦用户流和设计文案规划完毕，用很基本的元素就能轻松构造产品原型。接下来，整个团队就能够试用这个基础版本，从而判断其工作方式能否达到产品声称的效果。

在效率之外，这是制作原型带来的另一个巨大的好处。它能提高团队内部，甚至用户对产品的接受度。原型就成了一种可以被每个人体验和理解的通用语言。

你制作原型是为了找出你的交互设计或用户流有哪些短板。哪些部分难以实现或者做过头了？人们在哪里会感到困惑？哪些部分可以具有更多个性或独创性？这些改变可以怎样贯彻到你产品的其他部分？把这些思考用原型呈现在你的开发者、决策制定者以及用户面前，你就能快速找到答案。

"将交互构思可视化（使之可以体验）让我们能够与更大规模的团队进行更具有建设性的对话，"梅萨罗斯说道，"原型可以有效汇聚和促进团队各部门间的反馈——从策划、工程到设计。通过构建原型，我们对工作成果有了更强的控制能力。在 Wildcard，探明继续沿着某个方向前进是否可能代价过高，对于是否继续坚持当前方向来说是至关重要的决定因素，"他继续说，"这就是为什么我强烈主张要尽可能进行设计、原型制作。我发现，把最终产品将具有的所有用户界面特点全都体现出来，这才是最好的原型制作原则。"

那么，通常的原型制作过程需要多长时间？交换意见后我们发现，整个过程通常需要一周左右。对于每一版原型来说，创造、测试、迭代并最终决定投入开发最多需要两周。

"对于想出一些高质量的创意并且交付一个直指痛点的原型来说，（1~2 周）是一个不错的协调时间。这个时间足以让设计师适时调整，做出明智的决定，又不算太久，以至于浪费时间。"保利·廷说道。"对于建立快速原型来说，我学到的最重要的一件事就是，它是一个很棒的均衡器，"他随后补充道，"使用 InVision 或 Quartz Composer 这样的工具真的有利于用户界面（UI）设计师、用户体验（UX）设计师、产品经理（PM）以及工程师的分工，他们会认识到彼此的职责，从而一同合作。我们之间的矛盾会少很多。每个人都能获知自己需要的信息，而且这样合作感觉上也很自然。通过快速原型制作就可以做到这些。这不只是一个工具或一种方法，也是一种文化。"

采用这种工作方法，其规划会明显有别于你当前正在做的项目，所需的人员也有区别。但对于很多小团队来说，转变工作方式并没有多么难（之后的感受就像普通工作日一样）。

"有时，我们可以很快地改善和调整，时间以分或秒为单位，"梅萨罗斯说道，"这种程度的结果控制很神奇。交互设计是一种艺术，而原型制作则会带给我们一些优势。"

准备就绪

一旦原型经过团队（理想情况下也经过你的用户）审查通过，你接下来的职责就是让工程方面的同事能够更轻松地实现它。

如果你想让工程部门的同事更轻松地将你试图营造的体验、实现任务所需要的逻辑，以及界面的呈现时机 / 响应速度 / 弹性等其他细节相结合，你就需要向他们提供产品创造过程的每个阶段之间的有机联系（如图 5-5 所示）。

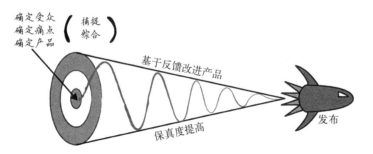

图 5-5
产品创造模型——因强大的原型而生

记住，每次迭代时，你的产品都会提高保真度。因此，你的原型可以是由简单过渡衔接而成的一系列页面，也可以是由强大的原型工具（能直接转化为代码）制作的。它并不会要求你多么擅长写代码。但每一次迭代，你都在为产品的保真度添砖加瓦，而且一步一步接近最终的完成品。

根据你选择的工具，有很多种方式把各种代码交给工程师。对于某些情况，你可能要交出你在 Framer.js 上写的代码，或者分享你的 Xcode 故事板。如果你使用 Quartz Composer/Origami，那么可以分享你的原型文件并提取关键值，比如过渡和动效的时机等数值。如果可用，则还包括缓和曲线的类型，比如"二次进出"（quadratic in-out）。预先提供尽可能多的关于如何实现的信息，将提高产品的开发速度。

对于开发，尽量多学习、多磨炼，然后持续提升这方面的技能。

这样做的好处就是，你逐渐能够在人们的手机、平板设备或台式机上预先测试具有一些新特性的原型，并据此验证你的假设。通过预先的验证，随后你的工程师同事会更确定：需要投入多少精力才能做出具备这些功能和设计特点的产品。

最终，你会惊讶地发现通过原型制作得到的收获。原型不仅是帮助你的团队和产品用户达成一致的工具，而且它还能为你们的工作带来激情，让每个参与其中的人都感觉自己是设计过程的一分子。原型会为设计评审带来乐趣和动力，而且会帮助你的团队做出更好的决定。

"原型帮助我们作为一个团队做出更加深刻、周详的决定，而这可能是原型制作最重要的方面，"梅萨罗斯说道，"这是一种审核新功能或产品更新的吸引人的形式，而且为我们的设计复审带来了一些乐趣。不要被原型吓到，你会惊讶于自己的收获。"

但或许这个过程最强大的影响在于，它能让你变成一位更好的设计师。你的效率和创造力都会得到提高。当你开始构建快速原型时，你就创造出了能够不断改善设计的反馈环。因而，你会在解决重要的核心问题时迸发出新的创意火花。

"我经常会在讨论中当着所有人的面修改一个原型，问'你刚才的意思是这样改吗'，"保利·廷回忆道，"然后我们会测试和讨论这个想法。这会节省几小时甚至几天的邮件、会议、私下讨论、决策以及辩论。"

可分享的笔记

- 根据受众的不同，一个原型可以顶得上 1000 次会议、1000 个模型或者 1000 条规范。这是真的吗？我不在乎。哪怕这些推测里只有一项是真的，我也会说为你的产品制作原型并逐步提高产品的保真度是物超所值的。
- 将构建原型所需的时间、原型受众、需要的保真度以及工具的便捷度这 4 个因素综合考量，应该能帮你确定合适的原型制作方法。
- 原型制作会帮助你进一步理解工程人员的产品实现阶段。它有助于你理解设计特定功能所需要投入的成本，并厘清创造看起来简单的交互概念所需的逻辑。
- 用原型打破你与工程人员之间的**产品规范之墙**，并且从内部测试者和你的潜在用户那里获得反馈。原型能够骗过人们的大脑，让他们认为自己在使用真实的产品。由此，你将获得无法从其他渠道获取的反馈。

现在动手

- 不一定要用神乎其神的工具制作原型。把未经修饰的 HTML 页面用能在手机上打开的链接串联起来。给你画下的草图拍照，然后为其建立超链接。你可以使用任何手段，只要让你的大脑相信这是你能使用的产品就好。然后你就可以测试假设并开始收集反馈了。
- 但是，如果你想进入下一个阶段，就要自学一种原型制作工具。这有助于提高你的设计能力。不了解代码？试试 InVision。了解 JavaScript？可以用 Framer.js。想做一些实验性的东西？用 Origami。
- 在糟糕的创意、虚度光阴以及误解等问题产生之前，用原型将它们打碎。让你的团队成员和一些目标受众使用一些原型。看看他们在没有"助手诱导"的情况下是如何反应的。

访谈：保利·廷

保利·廷是一位产品设计师，他曾与《财富》世界 500 强企业、大型零售商以及几家全世界最大的汽车制造商一同合作，业务范围包括开发移动应用、构建电子商务新体验，以及很多其他方面的尝试。他把原型作为协调器和超级协同工具，把大规模的团队整合起来。你可以在他的个人网站 Dig Deeper—with Pauly Ting 上了解他的详细信息。

把原型制作加入你的部分设计流程后，你最重大的收获是什么？

我学到的最重要的事就是，原型是一个巨大的协调器。这是我第一次发现团队真正理解了敏捷开发的意义。

使用 InVision 或 Quartz Composer 这样的工具真的有利于用户界面（UI）设计师、用户体验（UX）设计师、产品经理（PM）以及工程师的分工，他们会认识到彼此的职责，从而一同合作。

例如，我和梅西百货合作时，他们的 PM 告诉我："在这里待了这么多年，这是头一次所有人都为能一起合作而感到兴奋，而且 UX、UI 以及开发部门都开始渴望协同工作了。"

我们之间的矛盾会少很多。每个人都能获知自己需要的信息，而且这样合作感觉上也很自然。

快速原型制作鼓励兼容并包。这不只是一个工具或一种方法，也是一种文化。

这件事的意义在于把大家囊括进来。我们会同时——而非依次——把简陋的原型呈现给他们。这么做的意义在于给人们参与的机会并且赋予他们这种权利，但同时也要划清彼此的职责界限。

我会说，这是放弃一些（设计师的）权利给周围的人。但实话实说，这真的是一种更便捷的工作方法。这是因为这样做真的很高效，打个比方来说，如果没有原型，那么就像你为团队选衣服时，大家并不在场一样。举例来说，"应该买什么颜色的裤子"。你可以给他们发照片、告诉他们文字描述、通过邮件把链接发给他们，等等——但这些都没有和他们一起去商店选购那样高效、简单、准确。

这是因为当你们身处于商店时，你们就都是做出决策的一分子了。而这对于项目交付和团队合作来说都是至关重要的。

但是为什么要这样做？这是为了对之前的问题再次讨论，并重新解读你们的产品（这个过程会让你明白，人们并不精于此道）。

原型会打破团队之间沟通的壁垒，并且避免团队之间一味通过"离线留言"的方式沟通。这是因为如果不能实时、实地沟通，那么决策也会出问题。

你认为原型会帮助设计师增进对工程师开发阶段的理解吗？它会帮助设计师收敛一些蔓延在用户界面上的"不切实际的想法"吗？

令人遗憾的是，太多 UX 设计师并没有开发背景。因此他们在一些应用程序中看见"酷"的东西，例如某个交互时，就激动不已。应用程序 Path 中的"＋菜单"就是一个很好的例子。他们"也想要那个"，虽然他们不知道这背后需要付出怎样的努力。而且特别是在我们当时的情况下，（这种改变会涉及）遗留系统、品牌指导手册、营销 / 法务团队等问题。

作为具有一定技术背景的 UX 设计师，我能够和技术人员一同做实时注释，从而理解从何处以及如何拉取、解析和处理相关信息。这一点很重要，因为如此一来，工程师也能参与产品设计的讨论阶段，而非"我们设计了这个，现在你们来负责实现"。

我在为梅西百货和其他类似的客户工作时，最大的感受正是，公司拥有多学科团队的必要性。

当然，我们需要专家，但 UX 设计师需要有 UI 和开发技能，UI 设计师需要有 UX 和开发技能，而开发者需要有 UI 和 UX 技能。

而最重要的是，产品经理——作为关键人物、团队的领导——则需要同时拥有三方面的技能。他们不一定非得是专家不可（虽然我认为做到这一点确实有助于产生更好的产品），但他们不能对其中的某个领域一无所知。

能否详细讲解一下构建原型的具体流程？你得出什么结论后才会开始构建原型？例如，是等到构思好目标用户的工作流之后才构建原型吗？

我会先明确做原型的目的是什么。通常，一个快速原型是为了在有限的时间和预算内测试 /证明 / 概念化一个想法——就像黑客马拉松一样。通常阻碍产品成功的因素之一就在于，人们往往把项目看作漫长的过程（如同还有 100 万年的时间来准备），认为项目的资金雄厚，或者人们头脑中除了"做出产品"之外没有其他目标。

其次，我会弄明白我们想要创造的产品是只面向一类特定人群，还是面向所有人。有时候，我们在特定情况下会只面向一类人群设计产品；在其他情况下，我们需要考虑涉及的所有人，并且为所有人展示当前设计的优点以及相较于过去版本所取得的进步。我总是希望考虑到所有利益相关者，并据此来设计产品。若是为一个同时包括用户端和管理员端的系统来设计，明确你正在为哪一端设计会帮助你在构建时有所侧重，并且在必要的时候考虑到与另一端的对接问题（而无须日后再来返工）。

我喜欢投入时间来思考"对企业和用户来说，如何实现双赢"，这样我就能为我们创造的产品制定一个标准，以备后期衡量、检验了。

接下来，我会采访终端用户——我们的服务对象，我特别关注他们的工作流，而且会确保问题切中要点。有一种方法能够帮助我聚焦他们反馈中的重点，从而获得更多影响我们工作的信息，那就是创造用户情感线程——详细描述出用户使用产品时**完整的**体验与工作流，而不只是使用数字产品时的工作流（也要包含使用产品之前及之后的用户跟踪）。

最终，我会在旧有的工作流上构想一个新的工作流（用于展示改进点，例如更少的步骤或更少的变量），它包括整个体验。而我会给需要进一步开发的"页面 / 视图"用颜色编码，这样团队就能认识到在用户整体的美好体验中数字产品所在的位置。

完成以上所有这些步骤后，我才会坐在计算机前开始做原型。

在一个原型中，你通常会涵盖多少功能？是整个用户流，还是某个特定过渡的动效？

不一定。为了方便讲故事，我喜欢创造整个用户流。讲故事能让人接受产品的优点、在情感上与用户 / 利益相关人员建立联系，并方便将原型与产品的旧版本或其他产品进行对比。如果受众通过原型，都能对"这个功能将如何改善产品"有了深刻的见解（就像专注产品的团队那样），那么围绕一个单独的功能来做原型也是不错的。但这可能感觉上会有些脱离情境，与此功能不相关的团队则可能会对此不以为然。打个比方来说，就像我想要向你展示杉木窗的价值，而你是否参与设计了这套房子会影响你对窗户的看法。

开发者什么时候介入？你们的反馈环具体是怎样的？

我希望在我的原型制作团队中，工程师是个多面手。我的理想团队由 PM、UI 设计师、UX 设计师以及具备多学科知识的技术负责人 / 软件工程师组成——但他们都必须对彼此的角色有一定了解。（也就是说，PM 必须要至少理解一些代码，设计师必须具有设计 /UX 的眼光，团队成员彼此都能顺利沟通，然后就能做到商业实用主义和技术工作的强大结合了。）

工程师往往都能针对设计提出很多优秀的改善建议，他们常常能提出"如果我们这么做，会怎么样"和"为什么要这样设计"之类的问题。对于一个功能可能的运作方式来说，这是极有价值的实时反馈。我经常会设计一些东西，然后马上找到工程师获取他们的反馈："我们这样做怎么样？"这有助于他们理解我的思路——我想要实现的是什么——并且及时提供建议、可选方案以及技术支持。

你什么时候于内部展示原型？什么时候向客户展示原型？反馈环如何运作？

这取决于我们和客户的关系。我最喜欢的工作方式是直接帮助客户公司的团队，一起并肩工作，而不是像客户 / 代理模式那样，泾渭分明、各做各的，然后交由客户认可、批准。我和客户一起工作时，通过使用 InVision 这样的工具已经取得了很大的成功，特别是工作量很大而他们想要参与进来、提供反馈，以及跟进新进展的时候。大部分客户对这些工具很感兴趣，热衷于跟进设计流程，这样合作总是会产生更好的产品，团队更具有主人翁精神，客户对原型有更高的接受度，我们之间的合作也会更愉快。

如此一来，每个人都有激情、有动力，并且感觉这样做很专业。他们成为团队的一部分，并且对自己的贡献负责到底。

这个阶段通常需要持续多久？

我既做过 24 小时的快速原型，也做过耗时 3 个月的原型。理想情况下，短周期（sprint）所需的时间越久，保持动力也就越难——这毕竟是"短"周期开发啊！但在更大的项目中，我们自然就想要 / 需要关于更多用户及其体验的细节，因此就带来了更大的工作量，也就意味着耗费更长的时间。

我最喜欢的周期是 1~2 周。对于想出一些高质量的创意并且交付一个直指痛点的原型来说，（1~2 周）是一个不错的协调时间。这个时间足以使设计师适时调整，做出明智的决定，又不算太久，以至于浪费时间。

你可不能忘了——让整个团队保持团结是很重要的。有时团队成员也许要同时负责多个产品 / 进入多个团队，这样一来，他们在短周期工作过程中常常要切换项目。这种情况需要你重视。时刻团结一致，如果无法团结，就不要节外生枝。

你觉得通过原型的制作、测试，是否能帮助你产生更好的创意？

当然。任何迫使你清晰表达和整理思维的实践都有助于甄别产品的优势、弱点、机会以及威胁。快速原型的优势在于，它促使你学会摆脱工作中长久的自负情绪，而这很大程度上是因为每次迭代的速度快了很多。

快速模型制作能促使团队想出更好的设计创意，因为这个过程囊括了团队的所有成员。每个参与到原型构建、测试之中的人都能在这个过程中贡献自己的专长，但这确实对多学科和实用主义的团队建设提出了要求，因为它仍然可能成为"委员会设计"[10] 的牺牲品。但总体来说，我既在两人团队中工作过，也在 40 多人的团队中工作过——最后的结果都很成功。

当然，规模更大的团队效率会更低一些。但令人吃惊的是，大家的情绪 / 态度都会更加宽容、积极，而且人们会更富有主人翁精神和更具有归属感，成员间的摩擦也会有所减少。

我经常会在讨论中当着所有人的面修改一个原型，问"你刚才的意思是这样改吗"，然后我们会测试和讨论这个想法。这会节省几小时甚至几天的邮件、会议、私下讨论、决策以及辩论。

我们通常会从用户、设计师、开发者、产品经理、营销人员以及业务团队的建议中找到更好、更棒的设计方法。我作为 UX 设计师的角色就从"在团队中负责设计"转变成"促进和引导用户体验设计"和"在需要决策时提供我的专业指导和意见"，并且在明确了最终目标以及产品目标用户的情况下考虑团队的反馈和提议。

通过原型制作、测试，一些非设计师人员也能想明白，影响最终的产品的决策是如何制定的。对于设计师来说也是如此，他们也会更清楚地认识到，影响最终产品一些业务 / 工程方面的决策是如何制定的。

注 10："委员会设计"（design-by-committee）是设计领域的一个概念，通常形容某种缺乏主见的设计，因为折中了太多人的意见而变得失败。——译者注

第6章

界面设计中的技术性细节

原型制作与细节完善的往复

做雕塑时，我会先保留很多细节，随后再去掉一部分。就动物雕塑而言，起初制作时我会雕刻出很多细节，随后，我会逐渐去掉一些不必要的部分……

——弗郎索瓦·蓬朋，法国雕塑家

弗郎索瓦·蓬朋生于 1855 年，是我最喜欢的艺术家之一。他在巴黎为传奇艺术家奥古斯特·罗丹和卡米耶·克洛岱尔担任雕塑助理时，表现出了过人的天赋。但直到 1922 年，他 67 岁时，蓬朋才因自己的作品而闻名于世。

蓬朋名为《白熊》的北极熊大型雕塑确实是绝无仅有的（如图 6-1 所示）。这座雕像没有任何多余的修饰或炫技之处，去除了所有不必要的细节，而且也没有刻意追求写实的效果。因此，观者更能被熊最原始的形态和特点所触动。蓬朋的雕塑作品去掉了不必要的细节，从而帮助我们聚焦于"使之成为熊"的本质特点。

图 6-1
蓬朋的雕塑作品《白熊》
（来自 Rodney 的 flickr
相册）

在这个例子中，无论是最终的雕塑还是制作它的过程**都**吸引着我。蓬朋实际上会先雕刻出自己目标对象（在当时，其制作目标大部分是动物题材）的全部细节，然后随着时间的推移，他会去掉一些细节——毛皮的细节、毛发的质地、爪子的锋利观感——从而专注于呈现对象的本质。通过删去这些细节，他使观者聚焦于各个动物具有的特征中最纯粹的部分。

作为产品设计师，我们在这个阶段的工作也与之类似（不是指实操）。我们尽可能地收集所有信息，完全把自己沉浸到潜在用户面临的痛点之中。我们把现存的方案结合市场考量并大量调查取样，从而为尚未出炉的解决方案寻找灵感。然后，选出一系列最有可能成功的解决方案来快速迭代，以判断哪种方案的效果最好。

在这个阶段，我们已经在去除不必要的东西，提高保真度，逐步达到可**交付**的产品标准（如图 6-2 所示）。第 4 章中，我们构思了产品界面的文案，并开始把文案转化为用户流和页面。第 5 章中，我们开始把这些用户流变成触手可及的原型，由此可以测试想法，并开**始体验**产品的作用。

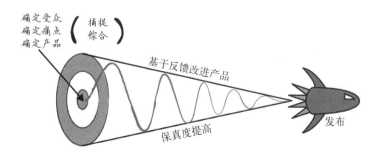

图 6-2
还记得这个产品创造模
型吗？我们当前正向产
品发布阶段前进，但还
没有进入最终发布阶段

现在，我们终于要把之前的工作成果进一步去粗取精，转化为优秀用户界面的必要组成部分了。

我认为，很多产品设计师会在这时犯错误——他们会**直接**开始用 Photoshop、Sketch 或者 Illustrator 做设计。他们误解了**界面先行**的含义，在并未真正明确前进方向之前就钻进了追求细节完美（pixel perfection）的循环中。

你可以从产品创造模型图（见图 6-2）中看到，从确定产品方向到最终发布之间有一个往复的过程（即图中的波形曲线）。如果界面文案、高保真界面以及可交互的原型是一艘名为"（产品）发布"的宇宙飞船的组成部分，那么它们应该就是确保飞船驶向既定目标的重要推进器了。

就像我在第 5 章所说的那样，这种循环往复取决于你们的时间规划、公司内部的原型 \ 文档使用人群、特定阶段所需的产品保真度，以及辅助工具的便捷度。

但当你把界面和用户流都构思完成之后，就需要在某个时刻做出细节完善的界面了。

原因在于，即使你把产品计划、进度的动态文档（即在整个项目过程中可以改变的文档）——或者你可以将其称作产品规格、用户故事，或者任何你喜欢的网络流行词——和创建的原型相结合，你仍然会需要产品界面的"完全体"版本。

不出所料，苹果公司把这种方法发挥到了极致。这种方法称为 **10 到 3 到 1**。苹果公司的产品设计师需要为每个将要构建的功能设计 10 个完全不同的高保真界面方案，然后这 10 种方案经过进一步的评选，得出 3 个候选方案，之后团队会从这 3 种设计方案中选出一个最好的实现，使之成为最终产品的一部分。[1]

虽然这种方法对于某些人来说可能过于程序化或浪费时间，但它体现了生产力和创造力的权衡。采用这种方法，大部分产品概念会被抛弃在创意空间的地板上，但同时这也为创意探索设定了一个限制。我们的目标是，在正确的产品方向上适当发挥设计师的想象力。

这是为什么？这是因为高保真界面是最终的沟通工具，它能结合你的原型，并且丰富你创作的文案。然后，"轰"的一声。忽然间，你就能让所有人相信这就是真实的产品了。人们的怀疑就此停止，也有利于真实的看法表露出来。除此之外，与可交互原型结合的高保真界面还是工程师最终的开发指南。

如此一来，最终产品发布时，大家也不会有多么吃惊了。

无论何时我都认为，这比所谓的**产品功能文档**要好用。

但如果高保真界面对团队是至关重要的，那它肯定不是随随便便就能做好的。它会花费大

注 1：参见 Pragmatic Institute 网站文章"You Can't Innovate Like Apple"。

量的时间，需要考虑各种屏幕尺寸的限制、不同平台的要求、横屏／竖屏显示模式、要时刻牢记的人体工程学，以及每个界面的 5 种状态。

但如果你为这些问题做好准备，这个过程就没有那么可怕。

接下来，我们将从 UI 层叠开始。下一节中，通过记住界面的 5 种状态的合作方式，你将学到如何避免陷入我所说的"笨拙的 UI"陷阱。

UI层叠：界面设计的5种状态

你是否使用过毫无生气的用户界面？你是否创造过觉得似乎**少了点什么**的 UI ？

如果是这样，你所体验的大概就是笨拙的 UI 了。

笨拙的 UI 可能是忽略了加载指示器的加载界面。或者它忘记告诉用户哪里出了问题（如果再加上可怕的错误信息，那就更雪上加霜了）。它可以是一张看起来很奇怪的图，上面只有几个数据点。它也可以是**突发事件**，如页面忽然跳转到一个陌生的数据页。

还不清楚笨拙的 UI 是什么？下面就是一个真实的例子，它是我在 Apple TV 上发现的，我经常用这个产品。（事实上，我写到这里时，它正播放着最新一集的《星球大战：义军崛起》。）每当我查找已购买的电影时，就会看到如图 6-3 所示的页面。

图 6-3

点击已购买电影的分类清单时，Apple TV 不会显示加载指示器。这个页面每次都让我以为出了什么大问题

看到这个界面，有那么一秒钟，我会感到焦虑无助。每次都是。但我经常使用这个页面，我知道自己每次会看到什么。

那么我为什么会焦虑呢？是什么机制让我的大脑认为，我看到的是 Apple TV 想要我看的东西呢？

这里没有加载指示器。没有活动的迹象。因此在几秒钟的时间里，可怕的疑问会在我脑中飞来飞去。我的电影去哪儿了？丢失了吗？被删除了吗？被黑客修改了吗？

然后，当我的心跳渐渐平缓时，我拥有的电影就会突然出现在屏幕上。

天哪，这可真让人闹心。

对比一下放映电影时的情况。在 Apple TV 遥控器上点击"播放"之后，我看到一个表示"正准备播放《回到未来》"的友好提示（如图 6-4 所示）。

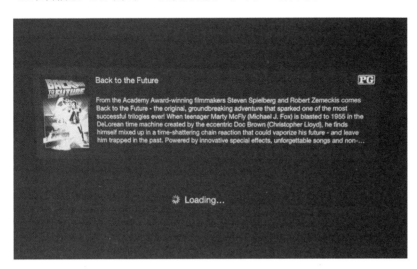

图 6-4
令人欣慰的进度指示

注意到体验上的差别了吗？

"创造易于理解的界面"的过程使我们这些产品设计师必须直面一个惨痛的事实——计算机本身是怠惰的。它们并不会主动帮助人们理解产品加入了哪些新功能、接下来该做什么，或者出了问题的时候该如何反应。

在计算机的理想世界中，它需要做的只是在意外情况发生时，扔出一堆含糊的错误代码并发出可怕的警报音效。更有甚者，只会用二进制代码和你交谈。

但我们一般可不用二进制语言交流，我们善于进行任务流式的线性思考，而且更熟悉现实世界的一切。当一扇门打开时，它的转动轨迹是一条弧线。一个物体移动时，你能看见它在动。一个物体坠落时，你能看见它的下落和反弹。

当产品设计师不考虑这些情况时，笨拙的 UI 就产生了。这意味着在某个地方，规则被打破了。

但是，是什么规则呢？

是 UI 层叠（UI stack）规则。我们现在就来谈一谈。

UI层叠是什么

数字产品中，与你交互的每个页面都有多种特质——准确来说是 5 种（如图 6-5 所示）。

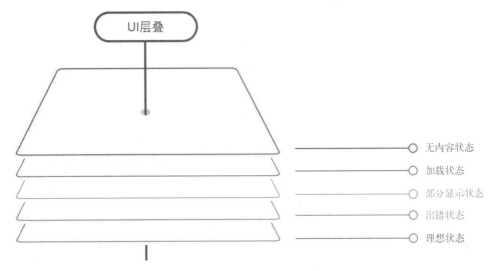

图 6-5
UI 层叠包括单一用户界面的 5 种状态，也涉及用户在状态之间的切换

页面会根据不同情景向用户呈现不同的特质。在设计师的语言中，我们更习惯将其称为**状态**。而你应该为你创造的所有页面考虑这些状态。

这是因为，遵循 UI 层叠和页面 5 种状态的规则，能帮你创造宽容、友好、人性化的连贯界面。

实话实说，你上次创造出只有一个状态的页面是什么时候？即使你开发的是天气应用程序（此处应有 Dribbble Joke[2]），只有一个状态也是不行的。

现实是，我们生活的世界并不完美，出错在所难免。服务器需要时间响应，而用户不会一直按照你预期的方式使用产品。

因此，作为产品设计师，你必须把这些现实情况考虑进去。

这就是为什么你为产品设计每个页面时最多可以做 5 种页面状态：

- 理想状态；
- 无内容状态，包括第一次使用时的状态；
- 出错状态；

注 2：设计网站 Dribbble 有一个 Joke Shots 板块，在该网站注册的用户可以在这里展示自己的作品截图或 GIF 图片。——编者注

- 部分显示状态；
- 加载状态。

你的用户在产品的用户流中往返移动时，他们同时也会在用户流的每种状态间无缝切换。换句话说，UI 层叠中每种状态的设计理念都是 **UI 应该从一种状态平滑地过渡到另一种状态**——无论要进行多少次。我们将在本章"一个假想的例子"这一节探索这种理念。

但首先要简短地插播一段互联网历史。2004 年，Basecamp（该公司曾被称为 37signals）写下了一篇（依我个人浅见）具有开创性的文章"The Three State Solution"。[3] 文章中概括说，每个页面都应该考虑 3 种可能的状态："普通状态、无内容状态，以及出错状态。"这篇文章令我醍醐灌顶，并且永远地改变了我对 Web 设计的看法。

但互联网会发生变化：首先发生了 Ajax 革命（在当时看来，这与 Web 2.0 的崛起相呼应），然后移动应用程序诞生，再接着出现了移动端、平板设备以及 Web 终端大众化的趋势。

人们对 UI 的需求和期待发生了改变，因此 UI 层叠是我对十几年前源自 Basecamp 的设计概念的改写。

既然如此，我们就先来谈谈 UI 页面的理想状态。

理想状态

这是你希望人们最经常看到的状态，因此要首先创造它。这个名字很恰当，它代表着产品潜能的顶峰——你的产品能提供的最完整的价值，产品中诸多有用的、可操作的内容都处于可用状态。它是你为这个页面创造其他一切状态的基础。你可以把它看作产品的推广页面（打开产品显示的首屏），或者移动应用程序商店的首页。

以这个状态为基础，为其他所有状态定基调。这是因为当你在核心界面上迭代时，这个 UI 可能随着时间推移发生彻底的改变。这既是迭代的优势，也是迭代的风险。

而理想状态的改变会对其他所有状态造成深远的影响。

所有 UI 状态都会转变为理想状态。因此你要从这里开始设计，然后在设计方案越来越接近终点（即能够顺利解决用户痛点）时，将所有其他状态都准备就绪。

仍然不确定我所说的理想状态是指什么吗？下面来看一些示例吧（见图 6-6 ~ 图 6-8）。

注 3：参见 Basecamp 网站的"Getting Real"页面。

图 6-6

Qik 是 Skype 的独立视频应用程序，此处是其理想状态的一个生动体现。在这里有很多可供选择的群组，群组中一般有活跃用户随时准备接收你发送的视频讯息

图 6-7

用户有可以约会的新朋友时（即双方在浏览照片时对彼此都有好感），Tinder 就能顺利呈现这个页面了。在这里，我们看到了交友应用程序的理想状态——呈现你从未见过的一位新用户，只需划动便会出现更多选项

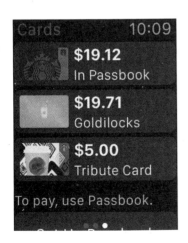

图 6-8

星巴克 Apple Watch 应用程序的理想状态，显示用户不同的会员卡及其余额。唯一令人遗憾的是，如果每个星期都一直维持这么高的余额，那可需要我充不少钱了。至少，这是一种相对便宜的嗜好

无内容状态

加入无内容状态总比没有它好。它的意义在于，当你为用户介绍产品时，要给他们留下一种无与伦比的第一印象，从而鼓励他们采取行动、让他们保持兴趣，并且提醒他们你的产品将能提供什么价值。

无内容状态大致分为 3 种版本：第一种是你的用户第一次使用产品时看到的页面；第二种是你的用户主动清除页面上的已有数据时——比如你难得将收件箱清空至"收件箱（0）"状态时——看到的页面；第三种是没有什么信息可以展现时的页面，比如搜索引擎搜索结果为空时的页面。

大体上来说，无内容状态的风险在于，你很容易把它们当作"马后炮"。通常，这么做要么会创造出一种令人窒息的体验（如图 6-9 所示），要么会造成一种冰冷、没有人情味的体验。

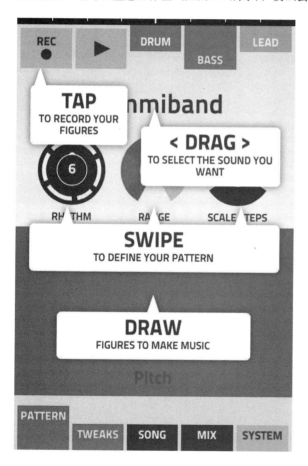

图 6-9
虽然我很喜欢 Propellerhead 的鼓点制作界面，但密集的提示让人喘不过气来。我不知道应该从哪里开始，以及如何记住所有这些提示

新手提示——或指导性叠层——在我看来，是对产品首次体验考虑欠周的最佳例子。这些提示把学习的重担（包括更多的界面信息和更多的记忆工作）一股脑儿地加在用户身上，而密集的信息给用户造成了很大的精神负担。多么令人扫兴啊。

下面更加深入地讨论一下首次使用的状态。

首次使用 / 用户引导

如果用户第一次使用你的产品，那么此状态是你唯一的机会，让用户看到页面有数据时的
样子。这是你号召他们行动的机会，并帮他们理解自己将从这个页面获得的价值。第一印
象只会发生一次，这是你留下好印象的绝佳时机。

我把这种状态部分比作文学和剧本世界中所谓的"英雄历程"（如图 6-10 所示），这是约瑟
夫·坎贝尔在他无与伦比的作品《千面英雄》中介绍的。这是世界各地的神话故事共有的基
础脉络——从《奥德赛》到《星球大战》都沿用此脉络来讲述，下面就是该理论的基础：

> 英雄从平凡的世界勇敢地迈出第一步，前往一个充满超自然奇迹的世界；他在那
> 里遇到了传说中的强大力量，他与之战斗，赢得了一场决定性的胜利；之后，英
> 雄结束传奇的冒险归来，带着能够赐予其同伴恩惠的力量。

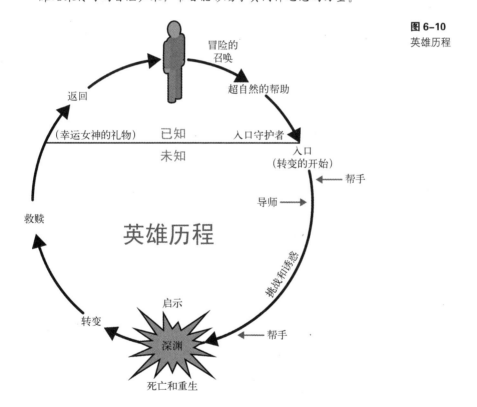

图 6-10
英雄历程

用无内容状态来鼓励你的用户走上属于他们的英雄历程。号召他们参与冒险，指引他们面
对挑战、战胜困难，然后把他们变成更强大的人。

但具体应当怎么做呢？下面是我的一些想法。

- 把马儿牵到水边。文案要写得令用户备受鼓舞，然后言简意赅地说明接下来该做什么。例如"这里没什么好看的"，这样的表达并没有帮助你的用户理解接下来会出现什么，而且如果这是他们看到的第一句话，那还是有点令人沮丧的。事实上，告诉你的用户要按哪个按钮，以及为什么要按那个按钮，这才算是有益的新手指引。
- 借用你产品中的内容来指导用户。例如，如果你在做一个消息类产品，那么首次体验可能要在用户收件箱中自动加入一条信息，标题可以是"点击我"，内容可以是介绍如何编写并回复一条信息。
- 提供一个屏幕截图示例，展示页面处于理想状态的样子，这会为你的用户带来在未来达到类似状态的一点预期，同时还能告诉他们你的产品可能会多么有用。
- 监控你的用户的操作进度并做出相应的响应。比如，如果他们在某个页面停留时间过长，你可以给他们发送一条在线聊天邀请，问问他们是否需要帮助。

图 6-11 ~ 图 6-14 展示了几个我喜欢的首次使用产品时的无内容状态。

图 6-11
Hipchat 直接用提示告诉你该做什么，同时暗示了隐藏在产品中的独特功能(即添加表情)。通过无内容状态，该产品提醒用户使用它来社交，并且希望通过促使用户发起会话，获得一个实时的好友回复，从而展现它的价值。但这里的缺陷是，空白处的邀请并没有考虑到 Kyle (对方) 现在正处于离开状态，因此可能并不会立即回复

图 6-12
Facebook Paper 逐步向你引荐它的功能，同时教给你关键的交互手势。我从这个用户流中发现的缺陷是，虽然界面很美观，但它几乎在我注册之后马上出现提示，没有给我一点时间来大致了解产品的界面构成。而且必须点击右上角的 × 来退出"教学"，这对于有些人来说还是很困扰的

图 6-13
Basecamp 在初次使用时没有内容可以向用户展示，但它并没有给用户一个空白页面，而是置入了占位内容，从而把产品的潜在功能可视化。这激起了我创建项目的渴望——用我自己的内容来填充这个页面

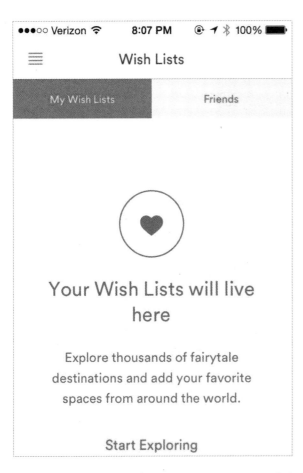

图 6-14
第一次点击进入 Airbnb 的心愿单时，会
看到这个时尚简约的无内容状态。这个
设计我喜欢的地方在于，它没有用力过
猛（符合 Airbnb 的设计语言），但有一
个非常清晰的行动号召，邀请你开始添
加项目

用户引导和首次使用状态的话题足以再写另外一本书来讨论，而恰巧还真有这样一本书存在。如果你想一头扎进用户引导设计的海洋里，我强烈推荐塞缪尔·赫利克的 *The Elements of User Onboarding*。

用户已清除数据

第二种无内容状态是你的用户主动把数据从页面清空时的状态。举例来说，可能你的用户完成了待办事项清单上的所有条目、阅读了所有的通知、已经把所有邮件归档，或者完成了所有选定音乐的下载。

这种情况的无内容状态是奖励用户或激发用户进一步交互的好时机（如图 6-15 所示）。达到"收件箱（0）"状态？看看这张不错的照片放松一下吧。下载了所有喜欢的音乐？好，那现在就去听听吧。浏览了所有的通知？这里还有一些其他内容可能是你感兴趣的。

图 6-15
没错，这是一张"古老"的 iOS 6 屏幕截图，但它仍然加强了清空收件箱带来的轻微多巴胺分泌。给用户的奖励是一张编辑挑选的 Instagram 图片，来自某个咖啡店或者夕阳下的某处。你可以将它分享出去，庆祝你清空了收件箱，同时为 Mailbox 做了广告，一举三赢

正在清除数据的用户也是正投入产品之中的用户。通过主动为用户完成接下来可能的操作以及跳转，把他们留在合适的产品用户流中。不要让用户承受一些不必要的主动跳转负担。

搜索结果为空

用户在你的产品中浏览或搜索某些数据时，有可能找不到想要找的内容。这种情况出现时，就是你们推断用户想要找什么并给出明智建议的绝佳时机了。

亚马逊采取的办法是我所见过的智能搜索建议功能中做得最好的一种。为了应对拼写错误和类似的搜索行为，亚马逊的搜索结果页很少会显示空白（如图 6-16 所示）。事实上，它会给出最接近的匹配结果，同时显示哪部分单词没有进行搜索匹配。

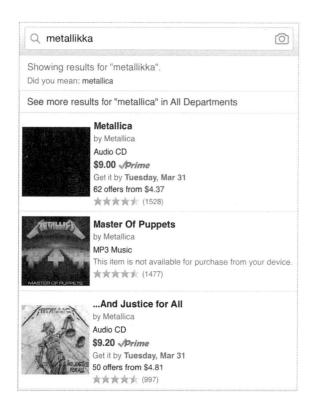

图 6–16

在这个例子中，终于暴露了我对重金属摇滚以及 Metallica 乐队的热爱。好吧，这种事总会暴露的

在 Pinterest 上搜索（如图 6-17 所示），结果就不太一样了，但 Pinterest 毕竟是个图片网站。根据它的搜索引擎对我的查询关键词的解析，可以推断：对 Pinterest 的用户来说，比起亚马逊，通过调整搜索关键词找到想要的东西应该是相对简单的。

108 | 第 6 章

图 6-17
注意，搜索结果是已经做好分类的
（Handmade），而搜索关键词为了便于
用户删除而变成了方块状的标签

从这一节可以学到的经验是，当面对这种情况时，不要让用户走投无路。给他们一些也许可以利用的内容，或者推荐一种替代的搜索方式。

出错状态

这是指出问题时的页面。通常来说，背后出错的原因往往复杂得多，因为错误常常会以匪夷所思的组合出现。出错的情况往往不胜枚举，例如缺失或无效的数据、应用程序无法连接到服务器、应用没完成上传数据时用户就试图进行下一步、没有输入文本就提交页面，等等。

如果你的产品此时会保存用户所有已输入的信息，那么从某种角度上来说，出错后也不会让用户太懊恼。你的产品不应该在出错时撤销、破坏，或者删除任何你的用户已输入或上传的信息。

这里很适合引用杰夫·拉斯金——Mac 的最初缔造者以及《人本界面：交互式系统设计》的作者——的话。他曾在书中写道：

> 系统应该把所有用户输入的信息看作神圣不可侵犯的，而且如果可以改写阿西莫夫的机器人第一定律，即"机器人不得伤害人类，不得在看到人类受到伤害时袖手旁观"，那么界面设计的第一定律就应该是"计算机不得损害人们的劳动成果，不得在发现人们的劳动成果受到损失时袖手旁观"。[4]

违反这条定律的一些家伙——例如航空公司的网站——应该多多留心这条建议。举例来说，如果用户忘记输入信用卡密码就提交页面，那么页面重新加载后，之前输入的所有内容都会被清空，同时还用刺眼的红色标示出缺失的字段（如图 6-18 所示）。

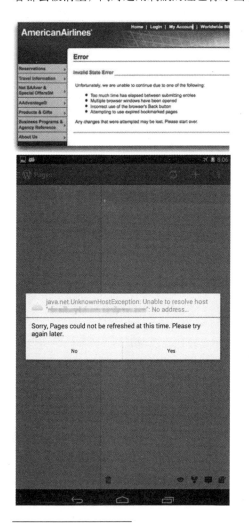

图 6-18

美国航空现在已经有所进步了，而且我相信 WordPress 应该也一样。但如果把用户输入的信息全部清空，还抛出不知所云的错误信息或者世界末日般的警告，则令人无法接受

注4：杰夫·拉斯金，《人本界面：交互式系统设计》。

不！是的！也许？

啊，终于有一个我们可以学习的特定情境错误提示的表现方法了。此外，一点幽默感使它更人性化（如图 6-19 所示）。

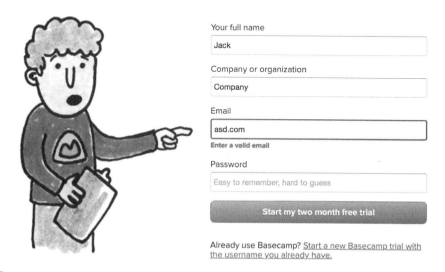

Just last week, 5,535 companies signed up for Basecamp.

- Prices start at just $20/month. Jump to the full price list.
- Every customer gets a **no-obligation, 60-day unlimited-use free trial.**
- No credit card required. Just fill out the form below and you're in!

Your full name

Jack

Company or organization

Company

Email

asd.com

Enter a valid email

Password

Easy to remember, hard to guess

Start my two month free trial

Already use Basecamp? Start a new Basecamp trial with the username you already have.

图 6-19
注册新账户时，Basecamp 可爱、人性化而且高度明确的错误信息提示

理想的页面出错状态应该就像 Basecamp 那样设计，在不清除用户已输入的任何正确信息的情况下动态呈现提示。如果必须通过页面重新加载来检测错误输入信息，那么请至少把用户在你产品中已输入的任何数据——无论多么不完美——都保存下来。但用重新加载页面检测错误，通常是懒惰的表现。为了你的用户，请确保你和开发者多付出一些努力，从而优雅而灵活地处理错误情况。

除此之外，错误提示不应该太过戏剧性，也不应该含糊不清。还记得"蓝屏死机"吗，还有 Mac 的"黑屏内核错误"？或者对于那些计算机领域的资深人士来说——"终止、重试、失效"？这些错误信息提示都是为了表明系统出现了重大错误，需要计算机重启或重新进行某操作。但直到今天，这些信息被用户铭记于心却主要是因为它带来的震惊、恐惧以及迷惑。

微软的蓝屏死机（如图 6-20 所示）因其总能"吓用户一跳"而臭名昭著。虽然这个蓝屏在排除确切故障方面还是很有帮助的，但蓝屏——至少比红屏强——是在没有保留情境信息的情况下突兀地出现的，而且充满了令人生畏的专业术语。

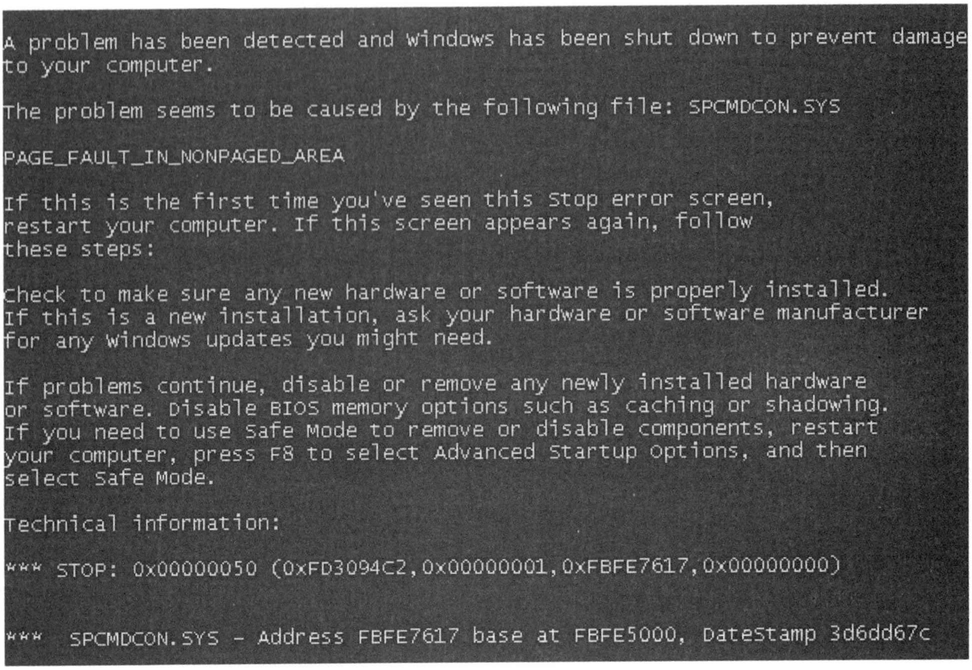

```
A problem has been detected and windows has been shut down to prevent damage
to your computer.

The problem seems to be caused by the following file: SPCMDCON.SYS

PAGE_FAULT_IN_NONPAGED_AREA

If this is the first time you've seen this Stop error screen,
restart your computer. If this screen appears again, follow
these steps:

Check to make sure any new hardware or software is properly installed.
If this is a new installation, ask your hardware or software manufacturer
for any windows updates you might need.

If problems continue, disable or remove any newly installed hardware
or software. Disable BIOS memory options such as caching or shadowing.
If you need to use Safe Mode to remove or disable components, restart
your computer, press F8 to select Advanced Startup Options, and then
select Safe Mode.

Technical information:

*** STOP: 0x00000050 (0xFD3094C2,0x00000001,0xFBFE7617,0x00000000)

*** SPCMDCON.SYS - Address FBFE7617 base at FBFE5000, DateStamp 3d6dd67c
```

图 6-20
传说中的微软 Windows "蓝屏死机"

这个出错状态之所以饱受诟病是因为，为了让用户知道接下来该做什么，出错状态必须包含简洁、友好且具有指导性的文字信息。弄一堆含混的错误代码、十六进制数字以及难懂的操作建议，只会让遇到它们的人又惊又怕。

当然，你的产品受众可能是火箭科学家或者计算机工程师群体。这种情况下，这些颇具专业性的错误信息提示可能很适合你的用户群体。但随着世界上越来越多的人将各种软件融入自己的日常生活之中，这类专业性的错误信息提示会变得越来越不合时宜。

总体来说，优秀的错误信息提示应该做到：

- 为你的用户而写；
- 内容应当具有建设性，并且清晰明确；
- 积极、正面——不要吓唬用户或者过于戏剧化；
- 首先告知导致错误的关键原因，然后——可以的话——推荐可能的解决方案；
- 详细地说明究竟发生了什么错误；
- 尽可能及时；
- 提示信息的语法和主题都要正确，不要用专业术语或者过多的字母缩写；
- 提供解决问题的清晰路径或选项，不要提过多的要求（特别是用户面临密码安全问题时）。

出错状态如此常见，而且是最难设计得令人满意的状态之一。但我向你保证，如果你对待这个状态就像对待前两个状态那样用心，那么产品的使用体验绝对会因此大大提升——而且对用户而言，产品会更好用。这是因为你已经思考了普通用户使用时的常见误区，并提前预防了这些问题。

部分显示状态

出错状态和理想状态的区别就像黑夜和白天。但如果页面上只有一行数据、几张照片、完成了一半的个人信息，会怎样呢？

当页面不再空白，但内容和数据稀疏时，你所看到的就是部分显示状态。你这时的职责就是防止人们因此灰心丧气，进而放弃你的产品。

这时是设计微交互的好机会，为的是把人们引向丰富多彩的理想状态。这就像在一趟旅程中，你要引导用户，帮助他们理解产品真正的价值。当遇到这种状态时，也暗示你的用户已经花了一些时间在产品上，对产品的潜力有了一知半解。请继续留住他们。

一些游戏设计原则在这里也能派上用场。我指的可不是具有惩罚性但令人上瘾的游戏设计——让你的用户通过收集水晶升级，就像《部落冲突》一样（如图 6-21 所示）——而是在产品的这个状态中构建所谓的**加速器**。

图 6-21

《部落冲突》中巨大的箭头引导我修建一座大炮，这样我就需要花费很多水晶，之后就需要购买更多的水晶。就是这样[5]

注 5：参见 Clash of Clans Wiki 网站文章 "Flammy's Strategy Guides/Total Newbie Guide"。

"加速器"能帮助玩家把他们未来变强大的愿景可视化，指导他们完成一系列预先设计好的任务，从而实现这种愿景。这里的技巧就是，不要让玩家意识到，为了从你的产品中获取最大的价值，他们必须进行一些重复且枯燥的操作。

> 进入这个（加速器）阶段的玩家所纠结的不是他们为了升级而做的重复且枯燥的操作，他们不过是在按照提示进行罢了，并且享受加速器带来的成果……事实上，这些玩家沉醉于一种未来的愿景——在那里，他们的人物将更强大，也许他们尚且无法理解一些属性加成。严格来讲，他们设计出了一种指数型的游戏属性增长结构，这种结构会不断超越玩家当前的预期，呈现新内容。这和传统的产品用户流设计并不完全一样，但玩家的快感与用户流的顺畅感在主观体验上却是非常类似的。[6]

图 6-22 ~ 图 6-24 是我们身边一些"部分显示状态"的优秀示例。

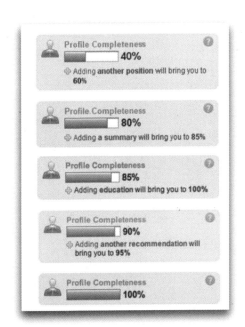

图 6-22
LinkedIn 家喻户晓的"个人信息完成度"进度条，鼓励用户通过完成具体的任务以达到 100%。强迫症将为之欣喜。如此一来，既定的用户流目标也达成了

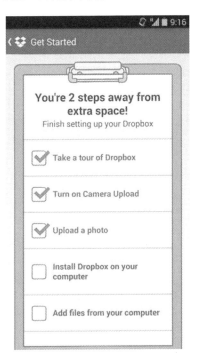

图 6-23
Dropbox 告知用户：如果想要获得额外的云存储空间，还需要几步操作。我敢肯定，对于大部分 Dropbox 用户来说，额外的空间是最主要的推动力。Dropbox 不仅向你展示还需要多少步才能完成任务并获得奖励，而且这些步骤还通过教育、引导等间接方式提高产品用户的价值（例如图中将移动端用户向桌面端拓展）

注 6：参见 The Game Design Forum 网站文章 "Acceleration Flow: Part 1"。

图 6–24
Apple Watch 的健身应
用程序界面。它的目标
就是让你多运动以"填
满"运动进度记录环

加载状态

我们很容易就会忽视这种状态，很多产品设计师把它当作"马后炮"。但要为用户设置合适的期待值，就要真正用心思考。当你的应用程序正在加载数据、等待网络连接或者过渡到另一个页面时，你必须留心表达相应状态的方式。这可以包括接管整个页面、延迟加载，或者内联加载（一般用户在表单域内寻找可用的用户名时会用到）。

用户对加载的知觉同样重要。设计师总是简单地在加载中的页面填上空白和旋转轮（加载指示器），把压力推给了尚未出现的内容。但这种做法反过来会刺激你的用户关注时间的流逝——把注意力放在加载指示器上，而非实际完成的加载进度上。

这就是卢克·弗罗布莱夫斯基对加载的见解。卢克是曾在 eBay 公司和雅虎公司带领过设计团队的产品设计专家，他出售了自己的创业公司 Polar（移动端投票社交产品）之后，留在 Google 公司带领设计团队。

弗罗布莱夫斯基的团队发现，为 Polar 中的每场投票加入一系列旋转轮（加载指示器）后，Polar 的用户开始抱怨应用程序似乎变慢了。用户反映的问题概括来说就是，"产品刷新和加载页面似乎要更久，好像没有之前的版本快了"。

弗罗布莱夫斯基意识到：

> 引入这些旋转轮（加载指示器）后，反而使用户不断地关注时间的流逝。于是他
> 们感觉产品响应速度变慢了。我们最初只想表现"加载中"而非"加载进度"，
> 但加载进度会充分表明用户正朝着目标前进，而非原地等待。[7]

轮廓页面

正因为加载状态的提出，所以产生了被弗罗布莱夫斯基称为"轮廓页面"（如图 6-25 所示）
的设计概念。这种技巧至少已经被 Pinterest 和 Facebook 所采纳，并运用在其产品的 Web
端和移动端上。

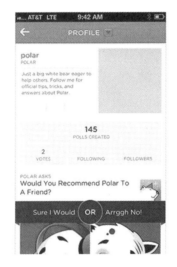
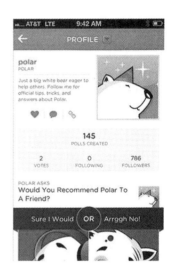

图 6-25

卢克·弗罗布莱夫斯基设计的应用程序 Polar，及其运行中的轮廓式加载页面[8]

轮廓页面是加载状态的一种创新性的实现方式。在加载过程中，它把注意力放在内容上，
而非"内容正在加载"这一事实上。它预先展示页面的基本轮廓，然后在加载过程中逐渐
填充缺失的部分，最终完成全部加载。这种技术的好处在于，它规避了旋转轮的缺点，而
且会使用户产生产品性能比真实情况更优秀的感知错觉。

Pinterest 采用轮廓页面表达加载状态的同时，还在具体实施时加入了一个独特的小花招：
从 pin 的具体图像中提取"平均颜色值"，然后用这种颜色填充 pin 的图像轮廓。因此在
pin 的图像加载出来之前，你会感觉自己已经获得了这个图像的预览图。这种技术现在也
用在了 Google 图片搜索结果的加载过程中。

注 7：参见 LukeW 网站文章"Mobile Design Details: Avoid The Spinner"。
注 8：同上。

Facebook 发明了一种类似的技术，并把这种技术用在了自己的移动应用程序 Paper 上，随后推广到了 Web 版本（如图 6-26 所示）。Facebook 的加载体验展现了一种风格化的、带有类似内容形状的轮廓页面。为了表示内容正在加载，这些形状还会以 Facebook 所谓"微光摇曳"的方式闪动。

图 6–26

Facebook 发明了类似于弗罗布莱夫斯基"轮廓页面"设计概念的页面加载技术，并将这种技术和"微光摇曳"效果相结合，使形状轻微闪动以表示正在加载

用乐观的反馈提前告知用户：操作已成功

"没有人愿意等待产品加载数据。"Instagram 的联合创始人麦克·克里格于 2011 年这样说道，他当时正在讲述自己如何通过软件工程方面的努力来提高用户感知到的应用程序响应速度（如图 6-27 所示）。[9]

注 9：参见 SpeakerDeck 网站上的幻灯片"Secrets to Lightning Fast Mobile Design"。

图 6–27

Instagram 早期版本中的预先反馈

事实上，正是克里格倡导了这一概念：产品应该通过"乐观的"反馈提前告知用户操作已成功。如果特定操作的预期结果是成功的，反馈就应该更快地呈现给用户。

比如在用户给一张照片点赞或者添加评论时，就可以运用这个技巧。在这两种情况下，从用户的角度来看，操作立刻就完成了（"like"按钮立刻变为按下状态"liked"）。但在系统层面，为了真正记录用户的操作，产品正在向服务器发出请求。

乐观的反馈同时也能极大地提高用户感知到的应用程序响应速度。相比于等用户点击"完成"按钮后系统再开始上传照片，Instagram 在用户为照片选择好滤镜之后就马上开始上传照片了。虽然这样做并不是最佳的工程层面解决方案，如果你的用户撤销操作，上传的数据就可能被抛弃，但这样做让照片的上传速度看起来非常快。遵循"在用户不知不觉时传输数据"的法则，就能让灵敏的响应成为你的产品能被感知到的优势了。

一个假想的例子

你已经了解过 UI 层叠及其 5 种状态的对应示例了（如图 6-28 所示），但它们之间如何分工合作？ UI 又如何为状态之间的过渡做出解释呢？

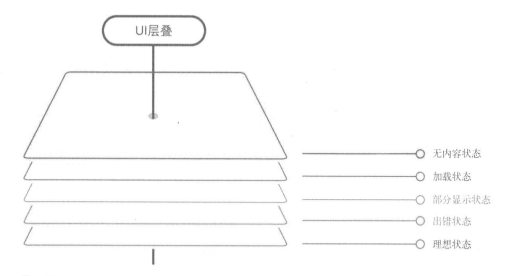

图 6-28
来回顾一下 UI 层叠及其构成

这就是 UI 层叠的力量。这些状态并不是凭空产生的，它们根据各自的属性排列在一个竖轴上，产品可以在任何时候调用某个状态。你的职责不仅包括设计每种状态，而且还包括确定页面如何在每种状态之间**转换**。

我创造了一个假想的通信类应用程序来说明这些概念。

为什么是通信类应用程序？用它举例似乎并不能显而易见地体现不同状态的作用，但我认为用它来举例很棒。这是因为，即使像信息发送页这样的暂时性 UI 界面，也要遵循 UI 层叠的原则。而且，进一步来说，通过这个例子还能说明：要想保证每个状态间的平滑转换，你面临的任务是多么艰巨。

那么，通信类应用程序中需要解决什么问题呢？

如果没有信息显示，则要对此做出解释。这是无内容状态。

部分显示状态对应于只有一方发出信息时的情况。

然后还有接收信息时需要的输入指示器（例如"对方输入中……"）。换句话说，这就是我们需要的加载状态。

但是，等一等。还需要另外一个加载状态，当**我们**发出一条信息时会用到。同时还要有信息已送达的反馈。

在通信类应用程序的使用过程中也会发生错误——我们的信息有时会发不出去。

不要忘记我们从错误中恢复的机制，提供再次尝试发送的选项。因此这里还需要**额外的发送加载状态**。

最终，我们才能达到理想状态：让单方的消息变成双方乃至多方的对话。

我们假想的通信类应用程序

假设 Marty 和 Doc 刚刚交换了联系方式，而 Marty 想要给 Doc 发信息，告诉他在双松商场自己刚刚看到了什么。

因为刚加上好友时并没有信息，所以我们有机会开发无内容状态，同时鼓励用户做出我们希望的行动——这种情况下就是鼓励用户发送一条信息（如图 6-29 所示）。

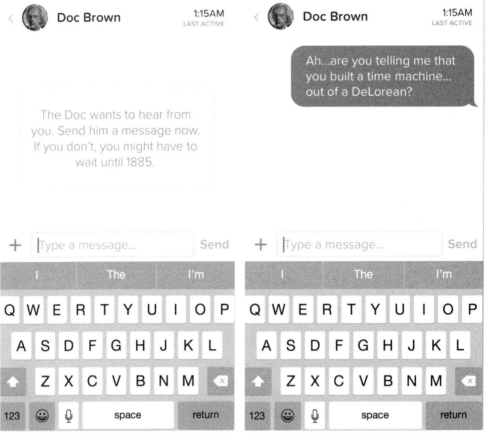

图 6-29
从无内容状态过渡到部分显示状态

一旦一方发出信息后，这个状态会怎么样？我们需要优雅地消去无内容状态，然后将其转换为部分显示状态：这种情况下就是仅 Marty 发出了一条信息。

让我们快进到 Doc 做出回应的时刻（如图 6-30 所示）。他回复了一条信息——但是他还在输入！所以就有了输入指示器——它是另一种形式的加载状态。

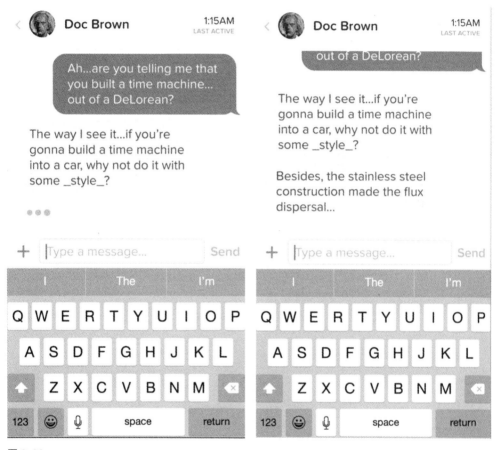

图 6-30
从加载状态——这种情况下就是指输入指示器——逐渐过渡为一条新信息

一旦一方输入结束，信息已经发送出去，我们就从输入指示器过渡到新信息，同时把历史信息顶上去。

但如果 Marty 此时想回复呢（如图 6-31 所示）？首先，输入框中有文本时，需要呈现一些状态已感知到的反馈——注意"发送"（Send）按钮是如何从灰色（禁止使用状态）变成蓝色（允许使用状态）的。然后，一旦用户点击发送，**另外一种显示发送进度的加载状态**就出现了。这段时间我们让刚发出的信息背景色保持暗淡，因为信息还没有成功送达——直到显示"送达"（DELIVERED）的下标告诉用户已发送成功。

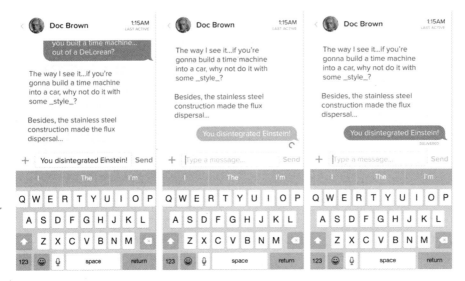

图 6-31

当用户输入信息时需要应用程序能够感知输入框的状态，让"发送"（Send）按钮外观做出相应的改变，同时还有一系列信息发送中的加载状态以及信息已送达的反馈（另见彩插）

但如果信息没有成功送达（如图 6-32 所示）会怎么样？此时就需要用到出错状态了。叹号标记取代了表示发送中的旋转圈，而我们保留了一条暗淡的表示"未送达"状态的信息。点击未送达信息（或者在我这种情况下，点击 Quartz Composer 原型中的信息）会尝试重新发送。我们这次运气不错，叹号消失了，信息背景色由虚变实，这样就可以加上送达指示了。

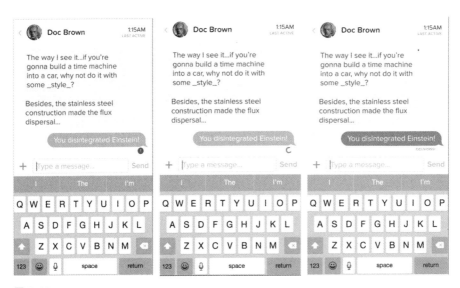

图 6-32

在发送失败之后重试。帮助用户摆脱出错状态需要一些细节上的考虑

以上这些，我的朋友，就是 UI 层叠的实际运用了。

这就是对 5 种页面状态以及状态间的无缝过渡的介绍。如果没有过渡元素，那么新的状态出现和消失时，可能会让用户不知所措。我们的职责可不是让人们难受并且手忙脚乱，对吧？

要想在遍布触屏和可穿戴设备的世界中讨论舒适性，我们就要将话题转到 UI 需要考虑的人体工程学问题上。

人体工程学：拇指区和敲击目标

上一节中，我们深入研究了用户界面的 5 种状态：理想状态、部分显示状态、无内容状态、出错状态以及加载状态。这些状态构成了 UI 层叠，并存在于你所设计的每个页面中。这些用户界面状态是普遍存在的，无论应用程序运行在哪种平台上——桌面端、移动端、平板设备、可穿戴设备、电视或车载显示屏。

现在，我们要来谈谈你的界面应该如何把现实世界考虑进去。

不，我们没有突然走进《少数派报告》、2015 年版《回到未来》的世界，也没机会体验托尼·斯塔克和他的朋友贾维斯（他们**是**朋友吗？嗯……）一起做的了不起的全息图交互。

我们实际上要讨论的是自然拇指弧，以及这个概念对触屏设计的重要性。

看吧，如果你还没有为触屏设计过什么应用程序，那么你应该很快就需要做这个工作了。

不相信？看看图 6-33。一个宝宝正在使用 iPad。

图 6-33
宝宝在使用 iPad。也许很快，狗和猫就会融洽相处了，紧接着大家都疯了

这时有史以来第一次，一代人在触屏先行的环境下成长起来。我们可以说，以触摸为基础的交互不会在近期离开我们。鼠标正在成为古董，我们现在必须为可以点、捏、划、缩以及完成更多操作的屏幕而设计。

那么，我们该如何为触屏设计用户界面呢？

好，还记得我们在第 1 章中一起探索的产品设计历史吗？我们研究了莉莉安·吉尔布雷斯、亨利·德莱福斯以及斯考特·库克的作品。大主题是什么？

是研究。具体来说，我们需要理解人们使用手机、平板设备以及可穿戴设备的方式，以及他们是如何使用具有触摸屏的台式机的。

我们很幸运。

这是因为移动设备专家史蒂夫·胡博在 2013 年上半年做了一项涉及 1333 人的研究。[10] 他发现人们会用以下方式握持自己的手机（如图 6-34 所示）：

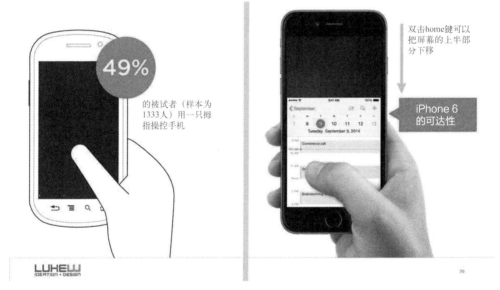

图 6-34
史蒂夫·胡博 2013 年的研究发现，在他们观察的被试者中，49% 的人通过单手的拇指来操控手机

- 单手——49%

- 一只手托着，另一只手操作——36%

- 双手——15%

左右手使用习惯的数据也很有启发性：

- 右手拇指操控屏幕——67%

- 左手拇指操控屏幕——33%

注 10：参见 UXmatters 网站文章 "How Do Users Really Hold Mobile Devices?"。

胡博注意到，人群中惯用左手的人占比 10% 左右。因此，上述数据中左手使用比例更高，可能和人们在使用手机时也在做其他事情有关——例如吸烟、骑自行车、喝咖啡、吃咖喱肠，等等。

这样来看，3.5 英寸 [11] 和 4 英寸屏幕很快就会不可避免地衰落。这就意味着，我们中那些习惯用老方法构建应用程序、响应式网站以及移动优化 Web 视图的人必须学习新技术了。

这种衰落正在发生。"Adobe's 2014 Mobile Benchmark Report" 宣称，2014 年 5 月的数据显示：4 英寸及以下屏幕的手机对其网页浏览量的贡献相比去年下降了 11 个百分点（如图 6-35 所示）。

不同屏幕尺寸的手机所贡献的访问量份额
（2013年5月至2014年5月）

≤ 4英寸　　　　　> 4英寸

图 6-35
Adobe 在 2014 年 5 月的报告中说，"大"屏手机（定义是大于 4 英寸）正为其公司网页贡献越来越多的流量

但这仅仅包括 2014 年 5 月之前售出的手机。如果你还记得，在苹果公司的报告中，其公司取得超越有史以来任何公司营收的季度发生在 2015 年 1 月。他们卖出了约 7500 万台 iPhone，而 iPhone 6 则成了当时苹果公司最受欢迎的设备。

这意味着，现在学习如何为拇指而设计比以往任何时候都重要。幸运的是，大部分手机屏幕尺寸将趋于一致。粗略地看一下， [12] 2014 年最受欢迎的 Android 屏幕大小集中在 5.1~5.7 英寸。

随着小尺寸屏幕的手机逐渐退出市场，苹果公司产品的改变会让我们的工作变得更轻松，因为 iPhone 6 和 6+ 的尺寸分别为 4.7 英寸和 5.5 英寸。

但我们为什么需要改变自己的设计呢？正如胡博的研究所表明的那样，使用手机时，人们倾向于根据界面需要改变他们的握持方式。为了完成操作，人们似乎会下意识地重新调整

注 11：1 英寸约等于 2.54 厘米。——编者注
注 12：参见《福布斯》杂志英文网站文章 "Samsung Galaxy Note 4 vs Galaxy S5—2014's Biggest Android Phones"。

手的位置，或者把界面下调。

但对我来说，这种情况可忍不了。为什么要让人们来适应你的应用程序？为什么你的应用程序如此刁钻？为什么不能针对大多数人的握持方式及拇指操作范围创造出最舒服的交互呢？

为拇指而设计

为拇指而设计的意思是，根据我们拇指操控最舒适、最自然的区域来设计界面。

但这件事变得越来越复杂。下面就以触屏手机为例。我们下意识地调整自己握持手机的方式，与屏幕不同位置的控件交互。在使用手机的任何一天中，我打赌你有时会努力伸展你的手指、想办法夹住手机，或者调整握持手机的角度，好让手指能更轻松地碰到难以触及的区域。

虽然困难重重，但我们也得找到问题的切入点。胡博的研究指出，大部分人是这样握持手机的：拇指根部位于手机的右下角（如图 6-36 所示）。

图 6-36
用右手使用手机意味着自然地将拇指位于手机的右下角

进入拇指区

这就引出了"拇指区"的概念。它是一种热图，能够很好地预测拇指在触屏各个位置上的点击难度。

我们用胡博的研究创造一组拇指区热图，该组图分析了对于触屏使用来说最常见的用例：

- 单手使用；
- 右手拇指操控屏幕；
- 拇指固定在屏幕右下角。

以下就是拇指区热图，分别对应 3.5 英寸（手机屏幕对角线长度）、4 英寸、4.7 英寸以及 5.5 英寸屏幕的手机（如图 6-37 所示）。

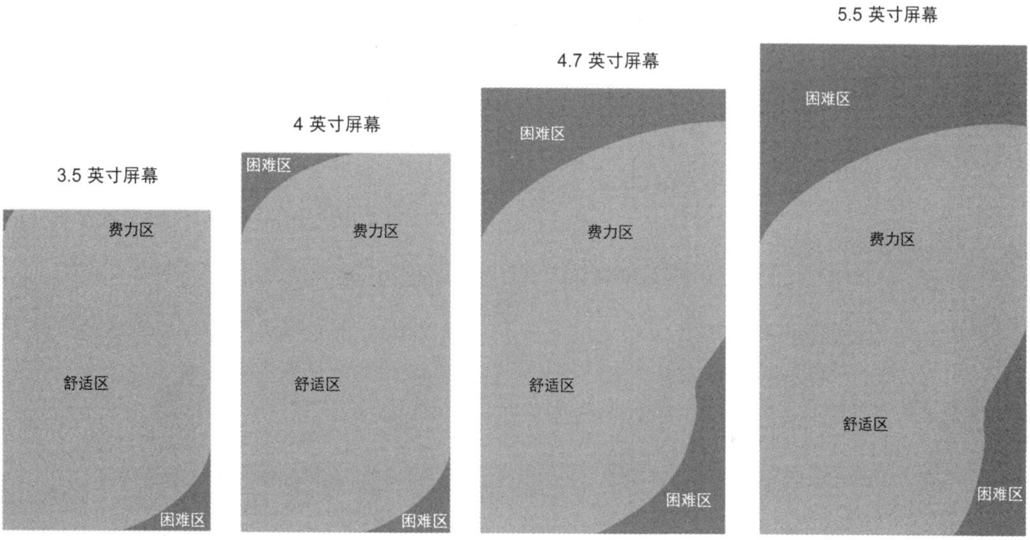

图 6-37

拇指区热图，分别对应 3.5 英寸、4 英寸、4.7 英寸以及 5.5 英寸屏幕（另见彩插）

下面是大屏幕手机之间的比较——4.7 英寸和 5.5 英寸（如图 6-38 所示）。

4.7 英寸屏幕

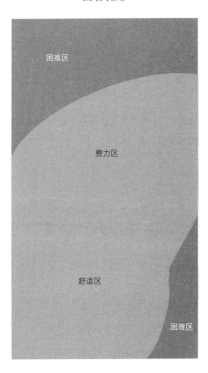

5.5 英寸屏幕

图 **6–38**

对比 4.7 英寸和 5.5 英寸屏幕的拇指热区（另见彩插）

困难区

费力区

舒适区

你会发现绿色的"舒适区"位置是大致相同的（稍后我会谈谈为什么更大的屏幕"舒适区"较为不同）。这是因为，我们的拇指不会神奇地和屏幕尺寸一起伸展。很遗憾，因为我小时候很喜欢《街头霸王》游戏中的塔尔锡（如图 6-39 所示）。

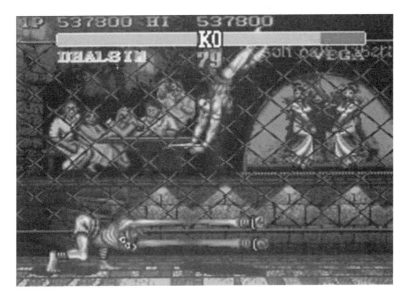

图 **6-39**

我们的手指不会像《街头霸王》游戏中的塔尔锡的四肢一样神奇地伸展

对比来看，更大的屏幕主要是"困难区"的红色区域大大增加了，在 5.5 英寸屏幕上，这个区域变得非常明显。

除此之外，你还会注意到"舒适区"的范围在最大的屏幕上发生了改变。这是因为，更大的屏幕尺寸需要不同的握持方式，还要将你的小拇指作为稳定器。使我惊讶的是，硬件上不到 1 英寸的差别就能让交互体验如此不同。

夹住手机中部

我们来分析一下：如果你改变握持方式，拇指区热图会如何改变。有时候，把拇指指腹固定在手机竖直方向的中点上，单击一些控件会更简单。拇指区热图右侧的白点标记了这个位置。

图 6-40 是 4.7 英寸和 5.5 英寸屏幕的手机改变握持方式后的热图。

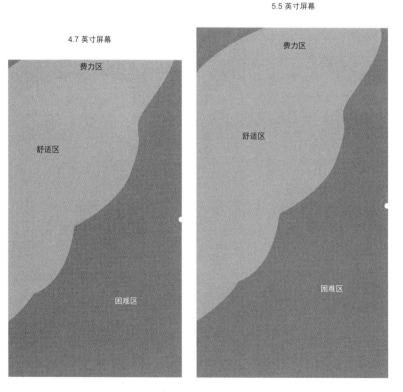

5.5 英寸屏幕

4.7 英寸屏幕

费力区

费力区

舒适区

舒适区

困难区

困难区

图 6-40
"夹住手机中部"的握持方式改变了手掌的中心点相对于手机的位置，极大地影响了拇指的操作范围（另见彩插）

请注意，更大的屏幕是如何因为自身尺寸而获得了更大的"舒适区"的。相比之下，4.7英寸屏幕的"舒适区"就要小一些。

我们身边的拇指友好型界面

移动设备屏幕的尺寸在整体上正在趋同，这是好事。但这也意味着，我们不能把 4.7 英寸以上的屏幕简单地看作小屏手机的放大版。由于握持方式完全不同，你的界面可能也需要做出相应的改变。

但改变具体会是怎样的？接下来，让我们探索几个拇指友好型界面的设计概念吧。

Airbnb

Airbnb 经历了品牌再造，这个民宿短租应用程序在重新设计时，把一些主要操作置于屏幕底部，如图 6-41 所示。

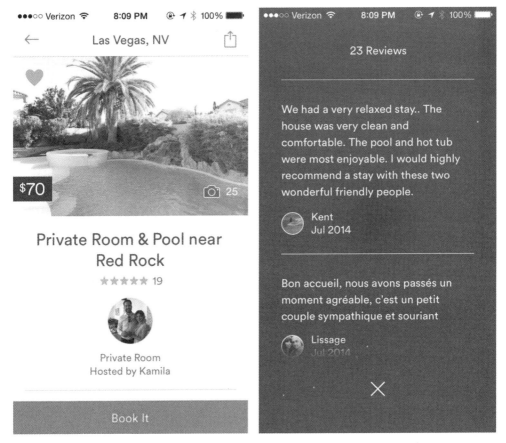

图 6-41
Airbnb 的人体工程学设计

两个页面都有明显的主要操作，而且它们不依赖于模糊的手势或者系统级的控制，比如苹果公司产品的"可达性"功能，该功能使用户可以双击 home 键，把屏幕的上部下移到拇指热区图中的绿色"舒适区"。

但 Airbnb 也采纳了苹果公司产品的"边缘滑动返回"设定，从而减少了为触碰左上角的返回键而做出的不必要的手指伸展动作。

Tinder

Tinder 的主要操作都处于屏幕底部，美观又明显，而且按钮正位于拇指的"舒适区"。但更棒的是，划走每张卡片（既有"喜欢"也有"不喜欢"）的操作也处于绿色"舒适区"（如图 6-42 所示）。

图 6–42
Tinder 就像拇指的天堂

最后，这个应用程序还会在更大范围内响应以导航为目的的滑动（即在非照片卡区域滑动）。这样就能在"设置""发现"以及"你的配对"之间切换，只需一只手就能做到。干得漂亮。

总之，在为触屏设计时，把操作放在接近屏幕底部的地方是一个明智的选择。通过这种设计方式，产品的操作将处于拇指能自然触及的范围之内。这样一来，即使你的用户用一只手握持手机，用另一只手做别的事，你的产品对于单手使用来说也仍然是最佳的。但不要忘记设备制造商在哪里安置全局控制键：iOS 设备的 home 键、Android 设备的导航控制键，以及 Windows Phone 的返回、开始、搜索全都位于设备底部。

下一节将介绍如何根据各种设备的尺寸、性能，以及使用情境来设计界面。

跨平台设计

目前地球上现有的可移动联网设备数量比人口数量还要多，[13] 而且每种设备都会有特定的一系列限制：屏幕尺寸、输入方式、硬件局限性，等等。

但情况还在变得更加复杂。我们在个人层面上正在使用更加多样化的设备（如图 6-43 所示）。早晨，我们可能使用平板设备、移动电话或者电视。白天，我们可能会用到便携式计算机、智能手表以及车载计算机。晚上，我们可能又会回到移动电话、平板设备以及电视的组合上来。

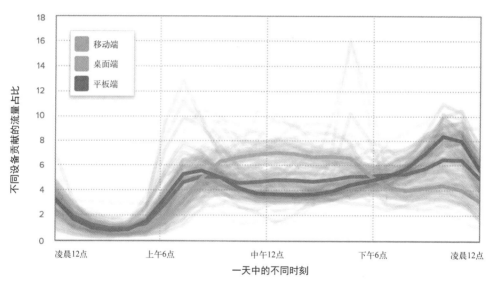

图 6-43

网站实时流量统计平台 ChartBeat 对一天中不同设备使用情况的研究。每种类型的设备都有其特定的用户使用时段偏好（另见彩插）

在价格亲民、连接方便、主要由触摸屏主导的设备形成的猛烈市场攻势下，身为产品设计师的我们越来越难以准确预测未来。我们生活的世界已经有了能够联网的灯泡、冰箱以及

注 13：参见 "Cisco Annual Internet Report (2018–2023) White Paper"。

面包机。见鬼，我的电动牙刷甚至还有一个配套应用程序，以提醒我何时更换牙刷头。说到这里，我就收到一条该应用程序的推送通知，上面说我早就该更换了。

因此，如果存在绵延无尽的设备星群，而我们又要为其设计一致的体验，那该怎么做呢？我们创造的产品如何才能不过时？除此之外，怎样才能做到用户无论使用何种设备，产品都能很好地解决其痛点呢？

这是一个大问题。因此，我把焦点转移到本尼迪克特·莱纳特那里，他来自成果丰硕的跨平台待办事项软件公司"奇妙清单"（Wunderlist），并担任首席设计执行官。奇妙清单横跨的平台从桌面到 iOS 再到 Kindle Fire，客户端包括 iPhone、iPad、Apple Watch、Mac、Android、Windows Phone、Windows 以及 Web。奇妙清单于 2015 年 6 月被微软公司收购。

莱纳特在这个问题上给我们留下了一些宝贵的思考。

你的用户需要什么，期待什么？

"我们希望人们认为奇妙清单能帮助他们高效地完成工作，并且能让生活中的各种清单保持多端同步。"莱纳特在采访中说。这是他们计划构建跨平台体验时，莱纳特灌输给产品团队的核心任务。这就是"你要给你的团队制定、沟通以及灌输的最重要的事情——人们与你的产品交互时会有怎样的感受"。

莱纳特的陈述反映了本书从第 1 章开始就一直谈到的精神：你的产品之所以存在就是为了找到用户，它之所以能存续下去是因为它解决了用户的痛点。为了让产品在新的平台存续下去，同样不能违背这条铁律。

在奇妙清单公司，所有东西都是基于这种思考产生的："从这种思考开始，为每个功能特定的 UX 制定定义和规范……我们想要每个交互都尽可能轻量（快捷而简单）、轻松（明显而清晰），而且有趣（令人愉快并且人性化）。我们在奇妙清单的 UX 愿景中形成的价值观会影响我们在用户流、界面色彩、用词、插图等方面的每个决定。"

这家坐落于柏林的公司有意或无意地把用户关心的问题放在第一位，并将这种思考贯彻于产品在各个平台的表现之中。高响应速度、清晰度、简易度，以及一点人性化的思考，这些特性是用户对各平台的奇妙清单共同的预期，无论是在 iOS 平台上还是在 Kindle Fire 上。

特定于平台的东西都有哪些？

用户跨平台使用你的产品时可能会期待一致的体验，但这并不能说明你可以忽视各个操作系统的特性。

"跨平台产品体验既要与核心产品体验相一致，也要与每种操作系统的平台范式相一致，"莱纳特说，"因此作为一名设计师，你的工作是要知晓并理解这些范式，从而在其中找到设计方向。"为多个平台构建产品意味着需要尊重各个平台的惯例。比如在 Android 平台上，系统全局控制位于设备底部，而 iOS 设备上只有一个 home 按钮。这些平台惯例会极大地影响你在移动电话和平板设备上的产品设计。

对于每个平台来说，道理都是如此。为机顶盒设计？那你就必须知晓每种遥控器或控制器的限制，例如 Roku、Apple TV、Google Chromecast、Xbox、PS4，等等。它们之间有着微妙的区别。熟悉这些微妙的区别并将其体现在产品设计之中，是产品设计师的核心职责之一。

但这里仍然有限制条件。"明白何时该遵从特定平台的规范，何时又该打破规范从而保证跨平台一致性，这需要一定的工作经验以及对设计的掌控力。"莱纳特说。最终，我们是为用户构建产品。他们的需求是什么？如果你的产品所在平台的指导规范与这些目标相抵触，你应该怎么做？

"一旦发现跨平台所导致的交互体验不一致，我们就会想出一个更好的解决方案，"莱纳特说，"遵从规范是简单的，但知道何时应该打破平台规范并不简单。我们想要鼓励所有开发者和设计师质疑现有范式，并突破界限，为的是让产品最终用起来更加简单和愉悦。"[14]

举例来说，这就像洛伦·布里切特在 Tweetie 中引入的下拉刷新操作和原来的刷新按钮之间的差异。Tweetie 被收购后，这个设计也融入了 Twitter 的移动应用程序之中（如图 6-44 所示）。

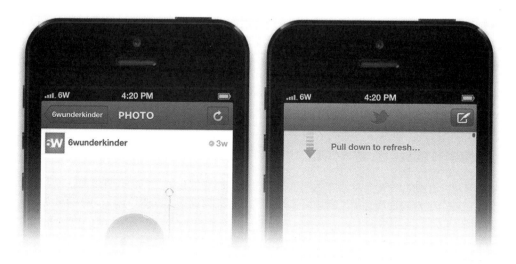

图 6-44
Instagram 的刷新按钮与 Twitter 引入的下拉刷新，莱纳特比较了两种操作的优雅程度，这里看到的是 Instagram 曾经的版本[15]

注 14：参见奇妙清单公司英文网站上的文章 "Designing Wunderlist for Apple Watch"。
注 15：参见奇妙清单公司英文网站上的文章 "Break Rules To design better products"。

这是一个由平台限制激发 UI 设计革新的绝佳例子。Tweetie 1.0 中，刷新按钮处于浏览页信息流的顶部。这个设计是由当时的情况决定的——布里切特无法把刷新按钮置入导航栏。但在接下来的版本中，他寻求改变的机会。"为什么不把刷新变成页面滚动操作的一部分呢？"他问自己。于是下拉刷新就应运而生了（如图 6-45 所示）。[16]

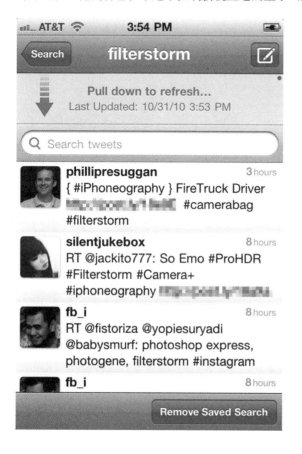

图 6-45
Tweetie 中的下拉刷新

各个设备的用例都有哪些？

你的产品的同一版本不会同时存在于所有平台上。人们想通过他们的设备完成什么任务？他们什么时候用？任何不理睬这些问题的产品都很容易把事情搞砸。

我喜欢莱纳特描述这个概念时的说法。"奇妙清单是我们用户生活的一部分——每天在多种设备和平台上的数字生活，"他说，"我们的目标是把奇妙清单从单纯的软件升级为一种角色，在用户需要帮助时出现的益友，一个富有个性而且具有我们的价值观的真实角色。它的外观、工作方式、表达方式会随着时间演化，这就是人们因此受到鼓舞并且爱上奇妙清单的原因。"

注 16：参见 MacStories 网站文章 "Loren Brichter Talks About Pull-To-Refresh Patent and Design Process"。

他清楚用户在各种特定的情况下对奇妙清单的期待，而他们就要在各个平台上构建能够满足这些期待的产品："我们想要深入理解人们在特定情况下的需求，以及我们如何才能让产品充分地满足他们的需要。"

比方说，这也是为什么 Apple Watch 上没有一个功能完整的、占用存储空间较大的奇妙清单应用程序。事实上，Apple Watch 版的奇妙清单是一个简易且功能单一的软件，只在需要的时刻提醒用户他们需要知道的事（如图 6-46 所示）。

图 6-46
Apple Watch 上运行的奇妙清单应用程序，能够基于推送信息类别提供相应选项

"Apple Watch 上的奇妙清单最令人兴奋的一点就是其免握持的体验——你本来需要摆弄手机才能完成这些事，"莱纳特写道，"无论是去超市把购物清单上的东西买下来，还是（很快就会有的）用智能语音识别输入为明天的会议增加的待办事项。"[17]

秉承这个原则将使你在未来设计任何产品时都从中受益：记住用户的期待是什么，重视（或在有必要的时候打破）平台的范式，深刻理解每个平台的具体用例。页面、设备以及使用情境只会越来越多样化。

这也是本章对界面设计机制探索的总结。接下来，我们回顾一下本章都讨论了些什么，然后继续研究用户体验背后的心理学。

_____

注 17：参见奇妙清单公司英文网站上的文章 "Designing Wunderlist for Apple Watch"。

可分享的笔记

- 构建产品时，界面文案、高保真界面以及可交互的原型之间有一个往复的过程。如果这三者是一艘名为（产品）发布的宇宙飞船的组成部分，那么它们应该就是确保飞船驶向既定目标的重要推进器了。

- 最终，你仍然需要做出细节完善的原型（如高保真界面）。就算你把产品计划、进度的动态文档（即在整个项目过程中可以改变的文档）——或者你可以把这称作产品规格、用户故事，或者任何你喜欢的网络流行词——和创建的原型相结合，你仍然会需要产品界面的"完全体"版本。

- 高保真界面是最终的沟通工具，因为它能结合你的原型，并且丰富你创作的文案。然后，"轰"的一声。忽然间，你就能让所有人相信这就是真实的产品了。人们的怀疑就此停止，也有利于真实的看法表露出来。除此之外，高保真界面、可交互原型的结合还是工程师最终的开发指南。但别忘了：只有你构思好用户流并且创造出可运行的原型后，这些东西才能发挥最大作用。否则，你临时拼凑的用户流就会有失败的风险。如果流程问题太多，你的**产品**就可能失败。

- "笨拙的 UI"往往是忽略了加载指示器的加载界面。或者它忘记告诉用户哪里出了问题（如果再加上可怕的错误信息，那就雪上加霜了）。它可以是一张看起来很奇怪的图，上面只有几个数据点。它也可以是**突发事件**，如页面忽然跳转到一个陌生的数据页。

- 笨拙的 UI 可以通过精心设计 UI 层叠来解决。UI 层叠包含了页面可能出现的状态，共有 5 种——理想状态、无内容状态、出错状态、部分显示状态、加载状态。它同时也涉及用户在每种状态间无缝切换的衔接方式。

- 利用拇指区热图做出符合人体工程学的设计。它是一组热图，能很好地预测拇指在触屏各个位置上的触碰难度。

现在动手

- 你的产品界面哪些地方设计得既笨拙又容易吓到用户？把 UI 层叠的原则用在你构思的用户流的每个页面上。看看你缺少的是什么，以及你怎样能表达得更清晰。

- 用拇指区热图来指导产品的设计构思。你的产品的主要操作有多少位于拇指易于触碰的区域？

- 重新思考你对界面布局的理解。把这些知识运用在产品用户群体使用的各式各样的设备上。可以从卢克·弗罗布莱夫斯基杰出的"响应式导航"设计理念获得灵感。[18]

- 你可能有必要完成你自己的用户群体研究。你所观察到的用户是如何握持手机的？他们使用产品的情境是什么？他们如何使用产品？

注 18：参见 LukeW 网站文章 "Responsive Navigation—Optimizing for Touch Across Devices"。

访谈：第欧根尼·布里托

第欧根尼·布里托曾在 Slack、LinkedIn 以及 Squarespace 工作过，担任过产品设计师以及开发者。你可以在 Twitter 上找到他：@uxdiogenes。

我想从你不久之前写过的一篇文章开始今天的访谈，这篇文章是《既是设计师又是开发者：这样的人并非凤毛麟角》。[19] 在这篇文章中，你用非常透彻、清晰的思路解构了设计师和开发者——二者都是涉及多种学科、职责要求模糊的职业。

显然，人们对设计和开发之间的交叉地带非常感兴趣。我想问的是，是什么让你得出这样的结论，认为优秀的设计师与优秀的开发者具有很多共同点？我想完整地了解你观点背后的思考过程。

这件事我曾思考了很久，但我承认，当时的想法还不是非常清晰。一部分原因在于，我当时总是在思考这是否可以做到，因为我当时很犹豫，不知道该从事设计还是开发工作。我想要做设计工作，但真正做好设计的唯一方式就是由我来亲自负责开发。

当你是一个自由职业的 Web 开发者，而你要为一位客户提供一站式服务时，你没有什么选择，只能身兼二职。掌握了这样的技能组合之后，我就开始考虑：我可以这样推销自己吗？人们会对此有所回应，还是并不会马上相信我？毕竟"既是设计师又是开发者"听起来并不现实。

当然，我当时内心有一种纠结的情绪。但我认为，真正让我下定决心的，还是我在文章中引用的一部分奥斯丁·贝尔斯的演讲。

事实上我有这种想法，我写那篇文章之前就想到了这张图（见下图）。我的文章正是基于这张图写就的。

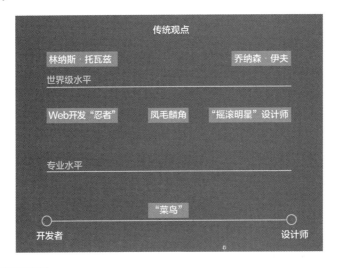

注 19：参见 uxdiogenes 网站文章 "On Being A Designer And A Developer—Not Quite Unicorn Rare"。

我在想，人们将设计师和开发者区别对待的成见是否有其理据。

我认为，这就像贝尔斯所说的那样，在某些情况下，这二者就像艺术家和……我不确定——我想不出一个合适的例子。他当时说的是什么？他当时说的好像是咖啡师和火箭科学家……

这是因为所有我能想到的职业组合之间其实还是有一些共同点的。我想说的是，艺术家和铁匠，或者和别的什么行业。因此设计和开发并不是完全不同，就算铁匠也具有艺术家的部分职业特点。

听了他的演讲之后，我就想：是啊，你可以兼任二职，并不是因为你可以同时将二者做到最好——你并不能。毕竟，你拥有的时间以及你对一类工作的精通程度都是有限的。但因为二者有很多重叠的部分（见下图），而且从能让你成为一个专业的设计师和开发者所需的技能来看，两者重叠的部分如此之多，所以我相信你两件事都能做成。如果你在这两个领域都能做出一点成绩，这对你来说是很有好处的。

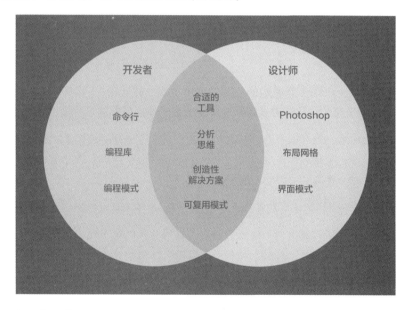

然后我认为，接下来也是最后要解决的问题就是如何得到他人的理解，或者这种身兼二职的角色能如何匹配市场的一般需求。这是因为部分问题在于，如果你在一家小型开发工作室、小型创业公司工作，或者自己单干，你就只能身兼二职。

每个人在设计师和 / 或开发者职业范围内都有其一定的专业技能水平（见下图），在这里，令你在其中一个领域出类拔萃的很多技能和习惯，会让你在两个领域中的工作都从中受益。人们可能会在两个领域中倾向于其中一个，但被划定"类型"的人也不应该因此就不再学习和提高另一个领域的技能。真正重要的是投入时间和精力去学习、提升。

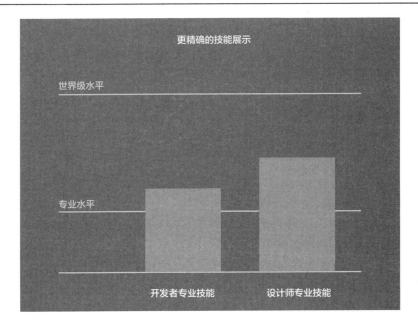

但是，一旦你进入一家分工明确的大公司，就很难说服其他人接受这个观点了。

赞同，而且你最后一个观点挺有趣的，因为我总是有一种冲动："等等，不，不，这两个我都能做。"是否在某个阶段你必须专注一个领域呢？你如何处理这种情况？

没错，就是这么回事。我对这个问题的态度就是，我在图中分别设定了职业水平和世界级水平，这就是因为，我认为你有能力达到专业水平，你也可以做到两种领域都很擅长。但如果你真的想达到世界级水平，就必须专攻一个方向。

毕竟，这就像世界级音乐家往往只能在演奏一种乐器上登峰造极一样。你明白我的意思吗？

他们可以学习很多乐器的演奏，但使他们闻名于世的往往就是一种乐器。我认为对设计师或开发者来说情况也是如此。要想真的在专业上达到极高的境界，你就需要具有专业工具的深度知识储备。

除了一些原则以外，二者还有其他很多方面是相互重叠的，但如果你想要变得出类拔萃，就必须了解你的工具。你需要融入相应的社区，需要始终掌握其最新的趋势等类似的信息。想要同时具有两个专业领域的深度知识储备，这是非常困难的。

你可以拥有一定的专业水平，甚至在工作中也能兼顾二者。但我更多是从做 Squarespace 的前端工作开始的，当时我还没有负责太多的设计工作。现在我把这个比例颠倒过来了。

切换思维模式很难——从更聚合的思维转到发散思维。你做设计的时候需要时间思考。我该怎么表达呢？

这二者又有些地方太过迥异，因此很难来回切换或者同时做两件事。这两种专业技能的组合可以并存于同一个人身上，但你要分别使用它们，每次只能运用一种。

有时，让你在一个领域硕果累累的知识和实践储备也会帮助你在另一个领域有所作为。我的意思是，想一想熬夜编程这样的例子。你可以在瞄准问题后长驱直入，用整夜的时间解决这个开发问题。但对设计来说，情况是完全相反的。这种情况下，准备熬夜这样的心态并不能真的帮助你有所突破。

我想开发工作中也有类似的情况。你解决设计问题时，要把自己放在一个有别于解决开发问题的位置上。

一个人可以在两种问题的解决模式上来回切换，但要想把两件事都做好，例如在持续的工作中，你必须把一类工作做上几天，然后再把另一类工作做上几天，而非"先做一小时设计，再做一小时开发"。

对于用户行为，以及美学对产品可信度、易用性的影响，想必你都会有一种通过实地研究来考证的渴望。你最近在研究什么？或者你喜欢、关注哪些图书作者、教授或者思想者？你会重点针对哪些领域投入时间、搜集信息？

我对研究坚持不懈的一部分原因在于，心理学是设计师的一门必修课。不过，一旦你知道了人们具有的一些基本的启发性思维和行为倾向之后，这些信息就会在设计中为你提供启示。你必须睁大眼睛，持续观察产品中反映用户心理的使用行为以及用户留下的信息。

我觉得持续关注已发表的心理学期刊对我的工作比较有帮助。这是真的，如果只是想大致了解这一方面（其实你应该花更多时间钻研这方面），某些畅销的心理学图书（比如马尔科姆·格拉德威尔的书）就是很好的选择。

我记得我是从阅读唐·诺曼的《设计心理学》开始的，这本书让我真正开始思考：我们拥有的一些非常基本的生物倾向性如何影响我们的设计方式。

这就像经济学的有趣之处一样。如果你假设人类是全然理性的，就会产生一大堆相应的结论。然而现实生活将告诉你，而且任何经济学家也会告诉你：人类不是全然理性的。我们的损失厌恶心理[20]，以及所有这类数学无法解释的事情，都是因为我们受到了一时情绪的左右。

（我读《从优秀到卓越》时）吉姆·柯林斯谈到"刺猬法则"，这就是一种可以联系实际应用的法则，它不是一个远在天边的理论，而是一种大家可以投入实践的法则，尤其是当团队意见不一时，这就是一种达成一致的方法。

例如，当你寻求应该围绕某个功能做什么设计的意见时，很容易就能发现读书学到的新知识会如何联系到你在设计过程中的发现。对用户来说，带有这个功能的产品代表什么？新功能和产品的已有功能 / 人们熟悉的内容之间的最佳联系是什么？

注20：损失厌恶（loss aversion）是指人们面对同等的收益和损失时，认为损失更令人无法忍受。——编者注

这些书都是相辅相成的。就像一个概念的不同方面，它们都是为了弄清楚人们所做的事及其背后的动机。之所以要广泛阅读这些书，是因为书里不仅有详细的分析，而且还有充足的数据。我认为这会奇迹般地加深你对这一行的认识。

这又让我想起了另一本书——《人本界面：交互式系统设计》，作者是杰夫·拉斯金。

这本书的主要内容概括起来就是，界面应该是人性化的。人性意味着体谅人类的弱点。它响应的是人类的需求，体谅的是人类的弱点。

他在书中的某一处说过类似这样的一句话："将你的用户视为聪明而忙碌的人。"他还说，你应该永远把精力聚焦在中级用户上，因为人人都是冲着中级水平去的。菜鸟可不想感觉自己是菜鸟，人们都希望自己能做到某事，他们可不希望自己一无所知。

当他们还是菜鸟时，就想通过熟悉当下的情况而尽快取得进展，成为中级用户。对于专家级用户而言，他们需要做专家级的工作。如果用户每天都在使用这个东西，他们就需要能很快完成任务。事实上，大多数人的水平会停留在中级左右。

即使你已经成为专家级用户，当你开始在其他产品上投入时间、做其他事情，而且很长时间都没有使用该产品时，你就会倒退到中级水平。因此为中级用户设计应该是你的主要精力投入点。

杰夫·拉斯金的书中有很多不错的观点，但我经常会想到的还是这条为中级用户设计的指导原则。让你的界面人性化，因为——没错，你的用户很聪明；但是，他们并不会一直围着你的产品转。他们并不总想把未来的一部分生活都交给这个应用程序。他们可能有孩子，或者在各种计划中有很多更重要的事要做。

你必须接受这一点。有时，你必须放弃一些喜欢的设计。我不知道好的例子是什么，但有时候，你会想让整个产品看起来更加赏心悦目，因此你会去掉文本，然后把一个抽象的图标放在那里。

这样做可能效果不错，人们会因此想要尝试一下产品。他们会自己弄明白这是干什么用的。但另一个选项是不要这么做。界面上的文本可能会稍微多一点，但它表达很清晰。用户不用琢磨这是干什么的，也不用琢磨正在发生什么。你只要表达足够清晰，他们就不会感觉自己不擅长使用这个界面了，也就不会不知所措。

我想，设计师工作时要有清晰的界限认识：别强迫他人欣赏你的设计，但同时意识到他们并不一定想精通你的界面，或许他们丝毫没有兴趣学习这些东西。这是因为他们只想把"某部分"工作做完，然后继续自己的生活。

你需要注意的是，用户100%都是人类。虽然科技日新月异，但人类行为背后的动机基本上没有变化。这就像马斯洛的需求层次一样从未改变。

以此为基础进行设计，你的产品越接近人类需求的基本层面，你的产品就会越具有生命力。通过触感而获得某种即时的反馈，以及"所见即所得"的功能可见性都是对产品而言非常基本的要求。你的产品越精于此道，它的生命力就越顽强。

我很喜欢这句话："你越关注人类的渴望，你的产品生命力就越顽强。"

（你的产品）越能满足某种基本的人类需求，它的生命就越长久。这种观点很有趣，因为你在每种新技术中都能发现针对类似需求的设计在不断重复地出现。

第 7 章
产品体验背后的心理学

产品与心理学

> 我们不打算用平铺直叙的方法讲故事，而是想要尽可能地加入一些趣味性的桥段，让故事尽可能有趣。这些小猪会穿上人类的衣服，它们周围不再是自然环境中的元素，而是人们熟悉的家具、日常用具之类的物件。它们看起来会更像人类角色。
>
> ——华特·迪士尼于 1933 年制作动画《三只小猪》期间，
> 面向员工讲话的节选（录音文件）[1]

"我的老天哪，" 工程师脱口而出，谁都能听出来他声音中的兴奋，"396 毫秒。"

办公室的气氛瞬间被点燃了。他的同事从桌子后面跳出来围住了他。

"天啊！"

"别糊弄我们。"

"你确定你运行得没错吗？"

那位工程师微笑着点头："我检查了 3 次。"

项目经理召开了公司会议。他们有庆祝的理由，而这件喜事他们必须宣扬出去。

注 1：参见 Bob Thomas 的著作 *Walt Disney: An American Original*。

"当工程师测量个人计算机（PC）的响应速度时，他们往往会提到一个名为多尔蒂阈值（关于系统响应时间）的概念，"他在拥挤的办公室中说道，"当你敲击回车键以命令你的计算机做某件事时，如果它能在 400 毫秒以内响应，也就是差不多在半秒之内反馈，那么你就会连续几小时沉迷在这台机器上。你可能会目不转睛地盯着显示屏，但你的生产效率会因此大大提高。一旦计算机出现超过半秒的响应，就会使你的注意力转移，不再集中于此。但只要计算机保持 400 毫秒以下的操作响应时间就没有问题。然后，你们猜发生了什么？我们即将问世的加的夫 PC，虽然现在看起来不怎么样，但是响应时间能够缩短到 396 毫秒。一旦装配好，它不仅会比市面上所有其他的 PC 的响应速度都要快，还会令人上瘾。"

我暂停了《奔腾年代》第 4 集，把目光从 Netflix 上移开。"**多尔蒂阈值**"？**真有这个东西吗**？我想，**这大概是电视剧杜撰出来的吧**。

我错了。

多尔蒂阈值的出处是 *IBM Systems Journal* 刊载的一篇论文，"The Economic Value of Rapid Response Time"，作者是华特·J. 多尔蒂和阿尔文·J. 塔达尼。该论文发表于 1982 年，文中指出："2 秒这样一个相对较慢的响应时间被认为是可以接受的，因为人们会在等待响应时考虑接下来的任务。但如今，响应时间方面的研究指出，早期的 2 秒可接受理论并没有得到事实的支持——生产力至少会随着响应时间的缩短而增长。"

多尔蒂和塔达尼在研究中有一个重要的实用发现：他们将人们对计算机响应时间的要求从 2 秒（过去的标准）缩短至 400 毫秒（如图 7-1 所示）。

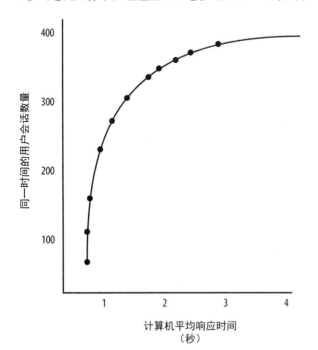

图 7-1

"根据美国国立卫生研究院的计算机使用情况，计算机的响应时间越短，系统使用时间就越长"，换句话说，计算机的响应速度越快，人们就会越频繁地使用它

老标准是罗伯特·米勒 1968 年提出的，他当时在 IBM 的波基普西实验室工作。[2] 他认为对于系统响应时间来说，2 秒绰绰有余，因为"用户大脑一般都在尽可能快地思考，所以不会被系统响应时间的长短而影响"[3]。

哇。想象一下输入指令后等待 2 秒才能获得响应的情况。

但多尔蒂和塔达尼驳斥了米勒的观点。他们认为，人类只能在脑中同时处理一系列短期任务，并且人类的大脑只有在未被外部延迟阻碍的情况下才会更加高效。仅在延迟更短时，有效的注意力时长（如番茄钟）才会不断重新充满，用户的专注时间也会因此增加。及时响应带来的净收益就是更高的工作效率以及更少的工作时间投入，同时会节省许多不必要的开支。最终，产品也会受到褒奖。

这是我见过的最有趣的例子之一：它告诉我们，产品的响应速度（甚至包括用户对产品响应速度的感知）会带来极大的影响——无论我们是否意识到这些影响。

产品的心理学层面，例如用户对响应速度和响应时间的感知，会极大地依赖于当时的情境——用户使用你的产品的方式、地点、时间。举例来说，400 毫秒对于特定情境下（比如在触摸屏上作画）以触摸为基础的界面来说就是**糟糕**的响应时间。甚至将响应时间缩短至原来的 1/4，也就是 100 毫秒后，作画体验仍然不佳。

我们是从微软应用科学小组对触摸界面延迟的研究中知道了这些。在内部设备的帮助下，研究者有能力把触摸响应延迟**降低到 1 毫秒**！在这种响应速度下，用触摸屏书写的体验和用纸笔书写已经区别不大了（如图 7-2 所示）。[4]

注 2：参见 Robert B. Miller 的论文 "Response Time in Man-Computer Conversational Transactions"。
注 3：参见 *The Economic Value of Rapid Response Time*。
注 4：参见微软研究院（Microsoft Research）的 YouTube 视频 "Applied Sciences Group—High Performance Touch"。

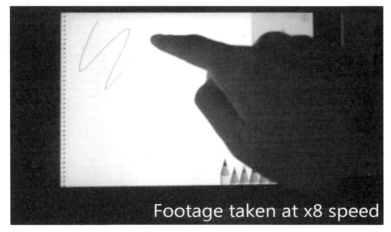

Footage taken at x8 speed

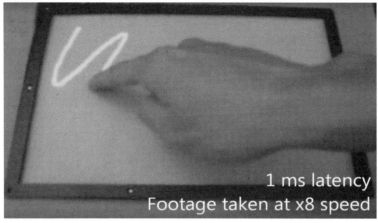

1 ms latency
Footage taken at x8 speed

图 7-2

微软研究院比较了
100 毫秒触摸响应延
迟和 1 毫秒触摸响应
延迟的差异

但响应速度对我们的影响可远不止在平板设备上作画的体验而已。

对这个领域的研究而言，Google 公司和 Shopzilla 公司具有优势，因其能够在更大范围内测试研究这些问题。

结果令人惊叹。人类**真的**很容易受到延迟的影响。

例如，梅丽莎·梅尔还在 Google 公司任职时，她曾针对公司的用户进行访谈，想要知道每次查询时用户希望在每一页中显示多少条搜索结果。他们想要每页显示 10 条结果，还是 20 条、25 条，或者 30 条？此次调查的反馈结果反映出大部分用户"多多益善"的心态。

但你猜怎么着？在针对各用户组进行 A/B 测试后，他们发现"实验期间用户使用 Google 搜索的次数下降了 20%，"梅尔在 2010 年的演讲中说道，"当我们每一页为用户显示 30 条搜索结果时，用户使用 Google 搜索的次数相比过去减少了 20%。"更令人震惊的是，他们点选进入第一页某条结果的概率同样也下降了 20%（如图 7-3 所示）！

图 7-3

梅丽莎·梅尔在 Google 公司时针对搜索响应速度的研究成果（根据她演讲使用的幻灯片重新制作而成）

研究团队对此感到很困惑。这是因"选择悖论"[5]而导致的吗？人们只是因为信息过载而不堪重负了吗？

仔细研究日志后，梅尔发现："我们为用户一页呈现 30 个结果的耗时比呈现 10 个结果的耗时要长一些——前者差不多需要后者 2 倍的时间。（这种）加载延迟导致了用户使用频率的下降。用户真的很在乎响应速度，并且他们的行为会随着响应速度的变化而做出改变。我们知道，如果 Web 响应速度变得更快，人们就会更频繁地使用 Google 搜索。随着 Web 响应速度变慢，人们就会减少使用它的次数。"

研究团队在 Google Maps 上发现了相同的效应——他们把该产品的页面大小减少了 30%，结果对于 Maps 的请求增加了 30%！"如果你让一个产品的响应速度更快，那么几乎马上会看到其使用频率的增长。"

注 5：指选择的增多反而导致满足感的降低。——编者注

页面的高响应速度甚至会影响我们购买更多的商品。Shopzilla 在一年时间内重新设计了它的网页和基础架构，而在页面性能上，使响应时间缩短了 5 秒（从 7 秒缩短至 2 秒），这为其带来了丰厚的回报（如图 7-4 所示）。它的营收增长了 7%~12%，页面访问量增长了 25%。[6]

图 7-4
页面的高响应速度
会影响我们购买更
多的商品

性能总结

- 转化率   **+7%~12%**
- 页面浏览量   **+25%**
- 美国SEM会话   **+8%**
- Bizrate网站（英国）的SEM会话   **+120%**
- 所需基建（美国）   **−50%**（200个节点与402个节点）
- 可用性   **99.71% → 99.94%**
- 产品周转率   **+225%**
- 发布成本   **$1 000's → $80**

shopzilla

Phil Dixon – VP, Engineering | Velocity 2009 | June 23rd, 2009

因此，如果我们的大脑对于产品的高响应性——或者缺乏响应性——如此敏感，那么还会受到哪些方面的影响呢？我们作为产品设计师又该如何处理这些问题呢？

我们大致要考虑以下几个方面：产品的页面过渡和动效；产品的个性特点；对产品关键行为的正向强化；周详的反馈环。产品不能在用户心理上或者生理上造成障碍。我们甚至还要考虑产品的**音效**。

但这些属性只是对产品内在价值的修饰。如果产品不能履行自己对用户的承诺，为用户解决问题，那么这就像请用户去看一部一点都没有娱乐性的动作电影一样。

这几个方面就是 Tinder 的联合创始人兼产品总裁乔纳森·巴迪恩制作这款交友应用程序时的考量。他还是"向右滑动"的发明者。没错，就是**那个**向右滑动（Tinder 中用户看到心仪的速配用户照片时可以向右滑动，表示喜欢他 / 她）。"你必须帮助用户解决某个问题，"他在采访中说道，"这个问题可能像排遣无聊那么简单，也可能像寻找灵魂伴侣那么重要。但如果更多地从设计、动效以及交互的角度出发，我觉得在细节上投入精力也是很重要的。一定要让用户感觉产品的运行方式是自然而然的。"

注 6：参见 Philip Dixon 在 O'Reilly Velocity 2009 大会上的主题报告幻灯片 "Shopzilla's Site Redo—You Get What You Measure"。

我们都是人类，而且难免会受到这些细节及其表现出来的情感的影响。那么，你的产品如何才能引发用户特定的情感？我们如何才能利用情感制造强大的反馈环，从而使用户沉浸在产品的体验当中，并且欲罢不能呢？

现在就来检验一下你的产品是否做好了这几个方面。

反馈环

反馈环促使你的用户使用产品中的特定用户流。第 4 章中，我把用户流定义为"产品受众完成各个任务需要的一系列交互"。

在大部分情况下，你们会有一些想要用户在某些时刻进入的特定用户流。这就是反馈环切入的地方。

我当时在北卡罗来纳州沿海的一个偏僻的岛屿上参加一个朋友的婚礼，不小心发现了有史以来我见过的最好的反馈环。特别的地方在于，它存在于现实生活之中（如图 7-5 所示）。

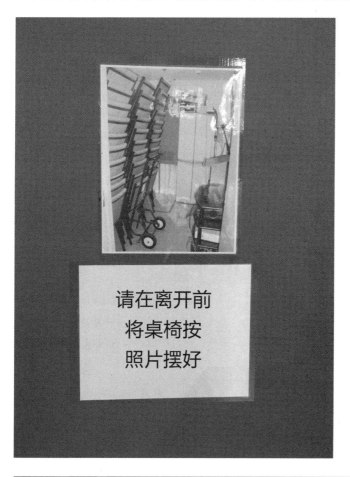

图 7-5
显著减少度假村服务人员工作负担的现实版反馈环

在宴会厅为 100 多人的婚礼摆放好桌椅本就是繁重的体力劳动。夜晚狂欢结束后，大家最不想做的事就是收拾残局了。

因此宴会厅的管理人员把这件事简化了。他们提供了一个可以遵循的整理模板，本质上是一份清晰易懂的桌椅整理指南。

你猜怎么着？婚礼结束后，我们整理好房间的用时打破了历史纪录。而且可以骄傲地告诉你，我们大功告成之后，那个储物间看起来和照片**一模一样**。

为了让反馈环起作用，需要有一些心理学的考量。它是否将用户引向了一种理想的体验？它是新奇或者新鲜的吗？它出现的时机正确吗？

但这些都只是成功反馈环具备的基本要素。反馈环要想真正产生效果，需要将一个观点植入用户的头脑中：这个目标是值得追求的，因为这样做会带来回报。

换句话说，成功的反馈环能够植根在人们的头脑之中，有效地引发用户一些相应的行为改变。

反馈环不会自动出现在你的产品里。我们将看到，一些最有效的反馈环是在产品**外部**产生的，其意图是让用户进入产品**内部**特定的用户流。换句话说，反馈环也有提高产品用户活跃度和用户留存的作用。

B. J. 福格博士在斯坦福大学建立了说服技术实验室，他是利用科技改变行为（积极方面）的专家。他还是 *Persuasive Technology: Using Computers to Change What We Think and Do* 一书的作者。

福格建立了"福格行为模型"（FBM，如图 7-6 所示），帮助设计师们确定：是什么因素导致他们期望用户做出的特定行为没有发生。举例来说，如果产品的用户没有做出特定的行为，比如在旅游网站上为宾馆评分，FBM 模型就能帮助设计师寻找缺失的心理要素。

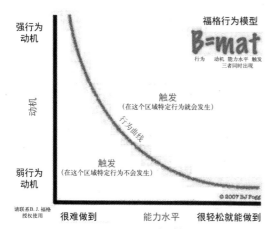

图 7-6
福格行为模型表明：动机、能力水平以及触发必须同时出现，特定行为才会发生

该模型表明：三个要素（动机、能力水平以及触发）必须同时出现，特定行为才会发生。如果行为没有发生，那就意味着其中一个元素的缺失。

"如果你在合适的地点埋下合适的种子，不费吹灰之力，它就能生长出来，"福格在邮件中写道，"我相信这就是关于如何培养用户习惯的最佳比喻了。"

福格把它简写为 B = mat。

动机（如图 7-7 所示）可以分为三类：感觉（快乐、痛苦）、预期（希望、恐惧），以及归属感（被社会排斥、被社会接受）。

图 7-7
福格对三类核心动机的图解

感觉是一种核心动机

快乐　痛苦

预期是一种核心动机

希望　恐惧

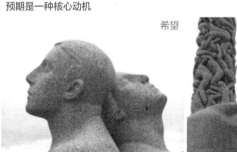

归属感是一种核心动机

被社会排斥　被社会接受

很多产品都试图通过教学、指导，使用户提高其能力水平，从而能够做出特定行为。但真实情况是，我们是人，因此懒惰是我们的本性。

"不要走这条路，除非你别无选择，"福格写道，"教导用户是很艰难的工作，而且大部分人抗拒学习新事物。"

事实上，行为模型提倡减轻目标行为的实施难度。福格其实有时会把**能力水平**替换成**简易度**，因为"在实际工作中，设计师们追求的应当是产品的简易度"[7]。换句话说，当我们减轻目标行为的实施难度时，产品对用户能力水平的要求就会降低，用户完成特定任务的障碍就更容易克服了。

行为模型的最后的组成部分就是，为促使某人做出特定的行为而给予适当的触发。触发同样要以一种简单的方式来呈现——在用户逐步做出符合我们期待的行为时，通过一系列事件温和地推进用户的任务进展。

可以在 LinkedIn 的群组中找到这样的例子。当我加入一个群组后，这个小提示随着柔和的出场动效出现在侧边栏（如图 7-8 所示）。

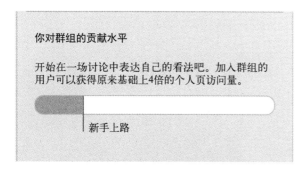

图 7-8
LinkedIn 的群组提示在我第一次加入一个群组时触发（另见彩插）

好奇心让我把鼠标指针悬停在这个提示上（如图 7-9 所示）。如同我已经做出了特定行为一般，它变绿了。但移走鼠标后，图标又变回黄色。

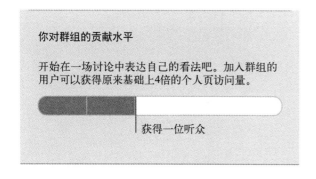

图 7-9
把鼠标指针悬停在提示上，提示就会向我展示今后可能完成但现在尚未完成的进度。我们也需要注意：在这里，进度条由黄色变为绿色，会给用户带来心理上的愉悦（另见彩插）

注 7：参见 Fogg Behavior Model 网站文章 "Ability—Make behavior easier to do"。

这个例子非常符合"在合适的时机埋下合适的种子"。这个种子鼓励我进入 LinkedIn 设计师为我准备好的行为链——加入一个群组、留下评论、加入群体讨论、自己发布内容。

"'合适的种子'是你选择鼓励的特定行为。'合适的地点'是特定元素出现的时机——它在什么东西后面出现,"福格写道,"'劝诱部分'就是为了加强用户做出特定行为的动机,我认为这一点和培养习惯丝毫没有关系。事实上,聚焦于动机部分,并将其看作培养习惯的关键是完全错误的看法。"

"我来说得更清楚一点吧:如果你选取了合适的行为来鼓励,并把激励元素放在正确的位置,那么就不用总是刻意去培养用户行为了。习惯的种子会自然而然地生根发芽,就像一颗合适的种子种在合适的地点一样。(不幸的是,反过来看,拙劣的设计、不合适的出现时机,也是用户不良使用习惯形成的原因——这些最初都是难以察觉的。)"

下面来了解一下其他的反馈环。

行为上瘾

很多情况下,我们作为产品设计师,需要为用户带来新的东西。[还记得大眼回形针(微软 Office 助手)吗?见图 7-10。]挑战是双重的:不仅要在正确的时机出现,而且还要通过给用户展示足够的价值或回报来鼓励用户采取行动。

图 7-10
但愿大眼回形针能够胜利回归

例如，Apple Music 发布时，产品引入了一个评分系统，帮助其内部算法确定向用户推荐什么音乐。苹果公司的产品设计师不仅把"喜欢"（评价）机制覆盖到了音乐电台，还把它拓展到了用户现有音乐库中的歌曲。

点击"喜欢"的心形标志后，会弹出一个确认对话框，同时简洁地解释该操作的作用（如图 7-11 所示）。

图 7-11
Apple Music 确认我"喜欢"该音乐并且鼓励我继续使用这个功能，但失败的一点在于，产品没有预先告知我此功能的重要性

从表面上看，这功能似乎不错。操作、认知难度很低——可以说非常简单。它的潜在回报是巨大的——如果这样做，我就总能听到符合我品味的音乐了。这样，我就会把这个操作永远保存在大脑中，如果我喜欢一首歌，那么就应该点击该标志，为的是继续享受它带来的回报。

但这个反馈环的问题存在于其触发上：我需要主动点击这个心形图标。产品没有预先建议用户使用它，也没有预先告知用户该功能的重要性。

更好的设计应该是产品记录下我听某一首歌曲的次数。比如，在第三次或第四次播放该歌曲时弹出一个柔和的祝贺信息，表示产品识别出我可能"喜欢"这首歌，并建议我点击心形图标。想象一下文案：

> 这是你第三次听这首歌了。你肯定很喜欢它，为什么不点击一下心形图标呢？只要轻击它，你今后就能听到更多和这首歌类似的歌曲。

这就能满足行为发生的全部三个要素：我想听新音乐（动机）；我有能力做到，因为我听了很多歌，而且我发现这首歌很不错（能力水平）；"喜欢"这首歌的操作也很简单（触发）。

一些（符合这种模式的）真实案例正在发挥作用。

以 Snapchat 为例（如图 7-12 所示）。任何初次完成 Snapchat 拍摄作品及发送流程的用户都会被邀请"添加到你的故事"，也就是点击右下角的发布箭头。

图 7-12
Snapchat 向我追加推荐其用户故事功能，而我当时正在执行一个类似的操作：发布 Snapchat 作品

任何处于该用户流中的人都会想要发布自己的 Snapchat 作品，因此为什么不直接点击"添加并不再显示该提示"（Add and Don't Show Again）按钮？毕竟，Snapchat 简洁地向我介绍了该功能的价值（"让你的朋友在 24 小时内能够不限次数地查看该 Snapchat 作品"），并且让我确信相关设置是可以改变的（"你可以在设置中更改能够查看'你的故事'的用户"）。

这个对话框带来的回报是巨大的。现在，Snapchat"用户故事"的浏览量比美国国内流行电视节目的观看次数还要多。[8]

苹果公司产品和 Twitter 将类似的技术运用在了与"发布"相关的功能上。例如，Twitter 推出 Video 功能时，在创作视图中用了一个柔和的提示来告知用户（如图 7-13 所示）。

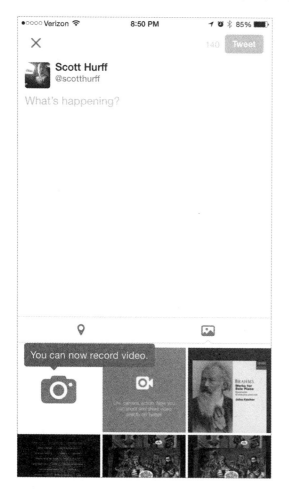

图 7-13
Twitter 在移动客户端的创作视图中提示 Video 功能已上线

注 8：参见 GigaOm 网站文章"Snapchat's 'Our Stories' are generating tens of millions of views"。

苹果公司产品升级其表情符号功能时，加入了更多肤色供用户选择，并采取了更为激进的做法来宣传该功能（虽然也是出于教育性的目的）：在用户进入表情符号键盘、点击带有肤色选项的表情符号时直接弹出提示，这个提示覆盖了整个键盘，需要点击"OK"才能关闭（如图 7-14 所示）。

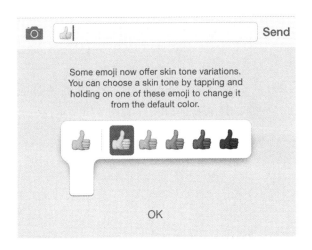

图 7-14
苹果公司产品对新表情符号肤色选项的介绍

这么做有以下好处：(1) 我终究要使用表情功能，因此会看完提示；(2) 清晰地展现了如何选择不同肤色的表情符号；(3) 只需要多点一下即可。即使不阅读文字说明，我也可以通过图示了解如何使用这个功能。

提供价值并索取反馈

类似 Uber、Instacart、DoorDash 这样的产品要想获得成功，需要培养持续反馈的产品生态系统。我的外卖食品会准时送达吗？我订的车到哪了？订单是正确的吗？

为了顺利组成可行的福格行为模型，完善这些反馈环是至关重要的一步。你如何表现任务进度？对于已完成的订单来说，何时索取反馈？如果交易未完成，你该怎么做？

另一个挑战在于人类记忆的复杂性。你有可能完全想不起来上一次用 Uber 打车的细节，或者你点的鸡肉外卖是多久送达的。一般而言，你所记得的仅仅是这件事发生了或者没发生。

这就是为什么这些反馈环的时机和操作难易程度如此重要。关键在于，用户期待获得某种类型的价值，有了价值，他们也就会更愿意提供必要的反馈——**尤其**是在产品出问题的时候。

我经常使用 Instacart 的家用杂货递送服务。这款产品大量使用短信来帮助买家跟进购买、收货信息，在出问题时也会用短信通知。

收到商品之前，我会一直关注这些短信，但此后我就不怎么在乎它们了。获得产品之前，我会一直投入精力在这些事情上。Instacart 明白这一点，所以会通过短信**和**电话帮助我跟进订单的变化，并且在改变订单时用短信向我二次确认。

一旦订单进入投递状态，我也会得到通知。我甚至可以通过实时定位观察到送货司机离我的公寓有多近。

这是这个反馈环最让我感兴趣的地方：一旦司机把订单标注为已送达，在**非常**短的时间延迟后，Instacart 就会邀请我提供反馈。为了让我有时间打开包裹、把物品放进冰箱或者食品柜，并且检查所有送达的物品，Instacart 设置了一个宽限期。

这个过程大概需要 5~10 分钟。然后 Instacart 会提醒我审核订单（如图 7-15 所示）。

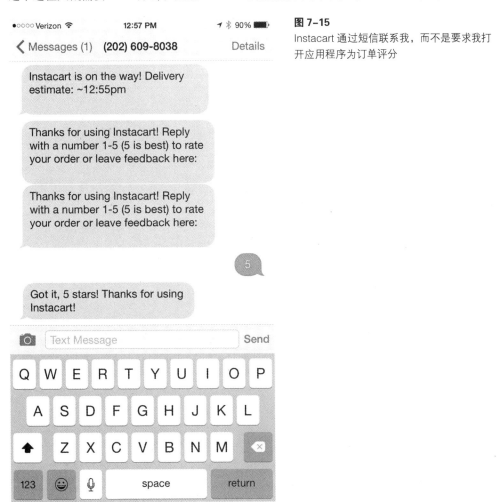

图 7-15
Instacart 通过短信联系我，而不是要求我打开应用程序为订单评分

这个反馈环丰富了 Instacart 的产品生态系统，并且在我正想要反馈时提前询问我的感受，这样也给了产品一个机会，帮助我避免了可能遇到的糟糕体验。它增加了我对产品的信任，并且执行方式基本上毫无障碍。我不用打开应用程序，直接回复短信即可。我只需要输入 1~5 的某个数字就行。

Uber 采用了一种类似的模型收集用户对司机的评分（如图 7-16 所示）。乘车结束后，用户打开应用程序会显示评价页，并屏蔽任何其他的操作，直到用户做出评分才会回到打车页面。我对这个反馈环的唯一批评在于，它容易在错误的时机找上你——我的习惯是打开应用程序就开始叫一辆**新**车，而非查看上一次的乘车情况。谁敢说这一次打车会紧跟着上一次打车之后呢？这中间可能间隔几小时、一天，或者一周。这样的设计容易导致用户给错评分。

图 7-16
在你准备开始打一辆新车时，Uber 弹出给上一次打车的司机评分的页面，并屏蔽了任何其他的交互操作

DoorDash 专注于帮助餐馆送出通常无法外送的食物，这款产品结合了两个榜样级反馈环，从而形成了一种出色的体验。

产品为食物递送过程的每一步提供状态显示，以此为我的饥饿感**和**惰性服务（如图 7-17 所示）。

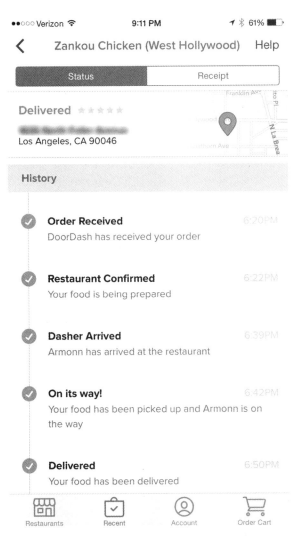

图 7-17
DoorDash 点餐的每一步都会更新一个推
送通知

这些提示既会反映在推送通知中，也会反映在应用程序中——我必须承认，我一直都很喜欢看这些进度变化。

我最喜欢的通知会告诉我：司机正在接近我。产品会带给我预期，并且会间接告诉我准备迎接司机。这会节省我和司机双方的时间——我想要食物，**现在就要**，而司机想要继续递送其他订单。

而且，就像 Instacart 一样，应用程序会在我收到"等候多时"的食物之后，很快就询问我递送的情况。

但这里是它与 DoorDash 的不同之处——它培养我**总想评分**的习惯。这是因为给订单提供反馈之后，我总是会收到一张价值 2~7 美元的优惠券，用于抵扣之后的订单。更妙的是，我必须在几天内用掉它（优惠券具有有效期）。

这是一种无与伦比的反馈环。它能带我遍历订单的创建和收货流程、建立我对递送的预期、鼓励我为订单提供反馈，并且最终让我想要再来一单。

可变的奖励

可变的奖励，或**可变比率程序**（variable-ratio schedule）——正如它在心理学领域中的地位一样——是已知的最强大的奖励系统之一。它是这样一种行为调节，能够"令大脑对刺激产生最强烈的反应，同时使其最快地在奖励和刺激之间建立联系，而且即使奖励不再和刺激成对出现，这种惯性也很难减退"[9]。

换句话说，正向强化效应是在用户看似无法预测的一连串行为后产生的。它会使用户持续做出特定行为，直到再次获得正向强化。

老虎机就是"可变比率程序"这一概念经久不衰的实际应用案例。用户把钱币投进机器，拉动控制杆，之后可能赢钱，也可能输钱。赢钱与否实际上单纯取决于控制杆被拉动的次数。

我和我的同事——Tinder 的联合创始人、产品副总裁乔纳森·巴迪恩——坐在一起。正如我在前面所说的，他发明了向右（以及向左）滑动的交互机制，给线上约会带来了游戏一般的体验。

"虽然我感觉大学的心理学课程很富有启发性，但我从未打算成为一名心理学家，"巴迪恩在采访中说道，"对于 Tinder，我们非常关注行为动机。我们讨论各种可变比率程序的重要性。我们也知道把自己介绍给他人时的那种心理负担。把自己的信息张贴出去可能会是一件令人望而却步的事。正因为如此，我们在设计和交互上反其道而行之（将令新手紧张、忧虑的线上交友趣味化）。虽然在这件事上我的功劳只占很小的一部分，但产品中的一切设计，目的都是希望用户使用产品时能感觉轻松、有趣、好玩。"

Tinder 就是最让人上瘾的产品之一，有大约 5000 万人通过这款产品约会、寻找一生挚爱，以及做其他更多的事。因为滑动手势是如此简单而自然，所以这个动作鼓励用户对他人录入的个人信息做出快速的反馈。

但这并不是让人一直"滑动"的主要原因。真正的原因在于产品背后像赌博一样的奖励机制——在你不知情的情况下，突然出现的"配对成功"页面带来的多巴胺分泌（如图 7-18 所示）。

注 9：参见 RationalWiki 网站的词条"variable ratio"。

图 7-18
Tinder 上的"配对成功"体验是一种可变奖励，它会鼓励人们继续滑动，从而再次体验类似的惊喜时刻，或者选择给同样喜欢自己（正向强化信号）的用户发送消息

"我一直以来都认为，软件不仅要能有效地完成任务，而且还应该让人愉悦，"巴迪恩说道，"很多人没有意识到这一点，尤其是当他们没有创造过消费性产品时。每个应用程序都有用户，而你为应用程序增添的每一点乐趣都会让他们过得更好、更有趣。对 Tinder 来说，制造欢乐是一件尤其有趣的事。我们一直都想让产品的体验更加轻松，因此我们从游戏中获取灵感。"

"配对成功"的体验不仅会让你感到一丝兴奋，而且还会为用户提供双方见面时的自我认知强化（自信）。"配对成功"传递了另一端对你的认可信号，鼓励你向对方发出信息，或者你可以继续滑动寻找下一次的快感。

产品也可以通过异想天开的渠道和用户建立这类联系，把可能平凡的体验或负面的体验变成非凡的体验。

"我感觉 Warby Parker 比世界上一切其他的公司都要体贴，"创业公司 Shyp 的产品设计师库尔特·瓦尔纳在采访中说道，"当我从那里买回眼镜后，该公司团队发给我一段 YouTube 视频，里面有一个人亲自感谢我购买了他们的产品。这是一段 30 秒的视频，非常简单，但他们愿意花时间感谢我。我和那家公司之间的每一次互动，无论是打电话抱怨还是别的什么，都是非常棒的体验，因此我在情感上和这家公司很亲近。"

我对赖恩·胡佛的 Product Hunt 也有类似的体验。我在 Product Hunt 上发布了一些个人产品后，该公司团队发给我一张手写的卡片，感谢我分享了作品（如图 7-19 所示）："非常感谢你做出了很酷的产品，并且在我们的社区分享它。"

然后他们甚至还发给我一些"美喵"的贴纸，以和我的团队分享。

我几乎不记得曾告诉过他们我的地址，而他们也没有滥用这个信息。我不记得上一次因为使用了一个团队的产品而收到手写的卡片是什么时候，**尤其**是在我没有付钱的情况下（到目前为止）。

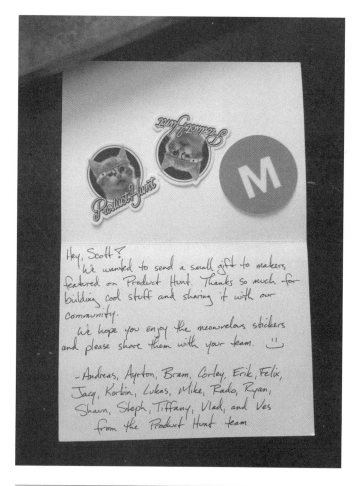

图 7-19

Product Hunt 利用意想不到的渠道———一张手写的卡片———奖励用户的行为

美学与个性

你认为下图中哪个宾馆房间是较为干净、安全、舒适的（如图 7-20 所示）？你更愿意待在哪个房间里？

图 7-20
美学显著影响我们对特定产品的信任程度。"柯蒂斯旅店的破烂屋 #1"由乔治·麦克林拍摄；"希尔顿酒店客房，巴斯"由希瑟·考珀拍摄

说实话，如果推门进入第一个房间，我会 180 度转身赶紧离开那里。

多年间的数个研究已证实，美学在塑造用户对产品的反馈上担任了重要角色，[10] 也就是"凭借美学因素评判可用性和可信度"[11]。可用性顾问、Experience Dynamics 的 UCD（以用户为中心的设计）专家弗兰克·斯皮勒斯的研究甚至建议，产品的设计"若能提供美学上的吸引力，还有愉悦和满足感，就会极大地增加产品成功的可能性"[12]。

这是因为"具备高度美学水准的、有吸引力的界面"能够"提高用户的注意力，使产品更易学习，使产品与用户的关系更和谐，并帮助产品运作得更好"[13]。令人愉悦的美学体验会刺激大脑中负责愉快的中枢，制造出的情绪感受会"影响用户在特定环境中与产品的交互，并且直接关系到用户对产品体验的评价。在复杂任务的操作中，用户可以通过产生正向情绪来减少出错频率、提高理解特定功能的速度，并减少复杂工作带来的压力"。

换句话说，适合产品的美学元素可以让我们在特定使用情境中感知到更多正面情绪，无论是更多的安全感、对自我的肯定，还是存在感。产品的美学与产品的个性是相辅相成的。

将美学与个性相结合以创造情感连接的最佳案例，当数伦敦东区的 Cockney 自动提款机了（如图 7-21 所示）。

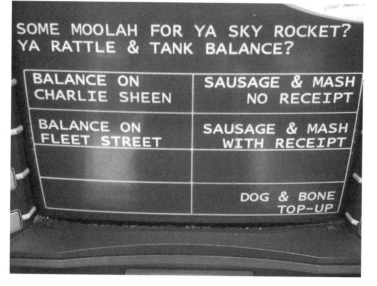

图 7-21
界面文本使用伦敦东区方言的自动提款机与用户建立了更紧密的情感连接，同时履行了产品的职责：取现金

注 10：参见 Noam Tractinsky 的论文"Aesthetics and Apparent Usability—Empirically Assessing Cultural and Methodological Issues"。

注 11：参见 Alicia David 和 Peyton Glore 的论文"The Impact of Design and Aesthetics on Usability, Credibility, and Learning in an Online Environment"。

注 12：参见 Frank Spillers 的论文"Emotion as a Cognitive Artifact and the Design Implications for Products That Are Perceived As Pleasurable"。

注 13：同上。

这台自动提款机外观看起来和其他自动提款机并无不同，但颇具匠心地融入了对当地历史和风俗的考量，同时也完成了自己的使命——帮助需要现金的人取钱。除此之外，重点在于，银行成功地为自己创造了一段可以口口相传的佳话。

"我们威尔士的自动提款机只有不到 1% 的人在使用时会选择威尔士语，但一旦有机会选择伦敦东区方言时，15%~20% 的人会这么做。"罗恩·戴尔尼沃在 The Bank Machine 公司说道。这家公司是这种自动提款机的诞生地。[14]

"最终，你需要做出能够使你的目标受众更愉悦、更有亲切感的产品，如此一来，你就开始构建与用户的关系了，"资深产品设计师杰弗里·卡尔米科夫在采访中说道，"这并不是一种短期投入。你可能从一家随便挑选的品牌店那里买一条牛仔裤，然后再也不买这个品牌的东西。你也可能下载一款应用程序，用过一次后便再也不会打开。二者是有共通之处的。"

情感是这里起关键作用的元素。首先你确定有一个能够解决问题的产品，**然后**再致力于创造能够建立用户与产品之间情感纽带的难忘体验。

"你需要为你的应用程序或你提供的服务寻找合适的情感表达，"乔纳森·巴迪恩在采访中说道，"动效和交互应该与产品想要唤起的情感相匹配。如果你想展现有趣的感觉，那么跳跃的动效可能是你最好的朋友。如果你的目标是优雅、风格化以及奢华，那么就要更倾向于平滑、淡化等柔和的动效。一些实用性的产品可能使用直奔主题的简单动效会更好地达到目的（虽然这样做有些乏味）。"

我们会在下一节更深入地讨论动效和动态图形，但巴迪恩在这里再次强调，确定一个产品想要表达的情感是非常深思熟虑的过程：

> 并非所有的动效都应该令人感觉亲切。比如，专注于家庭安防的应用程序可能并不适合"有趣"而"亲切"的动效。安防是一桩严肃的业务。这需要你的应用程序能充分体现相应的情感。你可能会需要更机械、更井然有序的动效。

乔什·布鲁尔（前 Twitter 首席设计师）在采访中阐述了类似的主题：

> 我认为趣味性是非常重要的，但也要分情况对待。也许你在做的是航空管制员的 UI，我不知道你应该在其中融入多少趣味性才合适。但还是有一些不同的方式可以达到让产品有趣或讨喜的目的：让它符合预期、规矩地行事即可。

布鲁尔关注的是在产品的使用情境下通过预测用户行为带来的体验。

"这是我更加想要关注的体验，"他说道，"其他方面的体验虽然可以做得很有趣，但容易变成哗众取宠或矫揉造作，因此我更想要的是'嘿，我们的产品会领先你一步，在前面等着你'。于是用户进行下一步时会说：'哈，原来这产品一直都和我的步调一致啊。'"

注 14：参见 BBC News 网站文章 "Cockney cash—Lady Godivas and speckled hens"。

下面来研究下市面上的 5 种产品——Airbnb、Tinder、美国联合服务协会（USAA）银行、Uber 和 Eat24 ，看看我们能否确定产品背后设计师想要达到的目的。

Airbnb

Airbnb——全世界愿意敞开自己的家门、把房子出租给他人的人组成的社区。它的设计具有温馨的感觉（如图 7-22 所示）。其次，这样设计是为了培养用户的信任感，"深挖人类普遍对归属感的渴望——作为一个人，无论你身在何处，都有感觉受到欢迎、尊重以及欣赏的渴望。归属感定义了 Airbnb，但我们明白，当前向世界呈现的 Airbnb 还没有将这个概念发挥到极致，我们还在努力"。

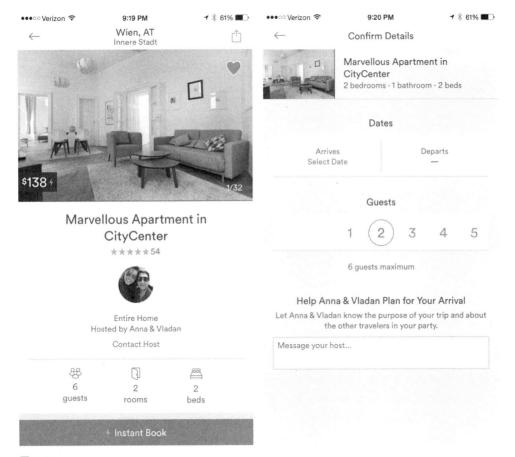

图 7-22
Airbnb 的设计给用户以温馨、可靠的感觉

它的字体（顺便说一下，这种字体叫作 LL Circular）选用了一种棱角分明、易读性高，而且在我看来非常典雅的字体。再加上毫不吝啬的留白，以及高品质图像的全出血使用，Airbnb 把焦点放在空间以及提供空间的人身上。平滑的颜色、足够大且具有吸引力的点击

按钮与清晰的行动号召结合在一起，让体验变得极具吸引力。

Tinder

意在促进人与人之间联系的产品，无论是否和爱情有关，都有可能会伤害到用户的感情，进而让用户对产品失望。Tinder 用游戏的思路设计主要的产品体验，重点解决了该问题（如图 7-23 所示）。通过这种做法，Tinder 唤起了用户参与游戏、追求奖励的情感。

图 7-23

Tinder 设计了富有吸引力的亮色大按钮，结合了卡片组隐喻，使得配对成功、认识新朋友的体验变得有趣又令人着迷

"人类，就像其他好奇的动物一样，热衷于掌控自己的环境，"巴迪恩在采访中说道，"他们希望一切事物以自己的意志为转移。想一想赌局中，输牌的扑克玩家愤怒地摔扑克的情景，再想想赢家缓缓甩出自己的扑克，一边还会骄傲地嘲讽输家'哭去吧'。我试图在交互中加入物理特性，从而提供我们在物理世界中熟知的物理操纵感。触屏使得这些设计的表现变得比以往任何时候都简单。"

这种物理个性，结合了近乎三原色的亮色以及大号"游戏"按钮，减少了认识新朋友操作的认知成本。它让用户在卡片组中纵情邀游，不再顾虑另一端的人可能并不"喜欢"他们。趣味性提高了使用效率，并且减少了严肃感。

成功配对信息出现时，用户体验该事件的感觉就像得到了一次奖励。

USAA 银行

起初，USAA 银行专门为美国军方成员及其家属提供服务。近几年，这家银行也对公众敞开了大门。正因如此，这家银行荣膺《财富》杂志 2015 年"全球名誉最佳公司"第 28 位。"该银行发布了一个移动应用程序，让会员可以通过该应用程序提交保险索赔申请，包括上传受伤情况的视频和音频信息的功能。它还是第一家为其移动银行应用程序登录提供面部和声纹识别技术的银行。"

作为一家银行，USAA 银行需要在应用程序中充分表现其可信度。与此同时，USAA 银行和美国军方之间还有一段特别的历史联系。USAA 银行的应用程序通过锐利的边角、色彩（蓝、红、白）的运用、简洁实用的导航来触达用户群体（如图 7-24 所示）。用户使用该产品时，这些设计元素会时刻提醒他们军方对服务、荣誉，以及坚毅的重视。

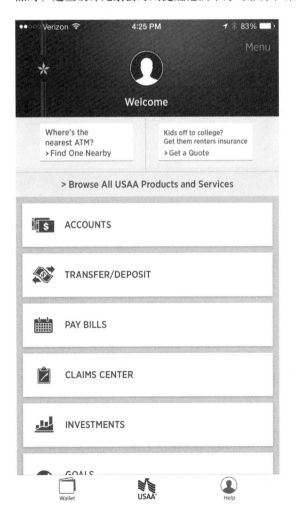

图 7-24

USAA 银行的移动应用程序给用户带来安全感和荣誉感

Uber

Uber 是奢华感和效率相结合的最佳案例之一。

对黑色的运用随处可见，而且该应用程序会直接打开地图，你可以在图上设置你的上车地点。

就是这样。在该应用程序里能做的事真的不多，因为产品的主要功能其实就是点击一下，然后立刻启程（如图 7-25 所示）。

图 7-25

Uber 是奢华感与效率的结合

Uber 的设计所传达的是，移动应用程序不应该表达太多东西。事实上，它的独特之处正在于赋予每位用户一种超能力——有需要时随时召唤一辆车，带你去任何想去的地方。

相信我。一旦失去了这种超能力，你就会意识到它有多强大。

Eat24

这款致力于配送外卖食品的应用程序，除了将红色作为主色调之外（与食物有关的应用程序似乎绝大部分会采用这个颜色），随处可见的率直幽默的表达使它变得与众不同。它主要通过文案撰写和故事叙述达到这个目的，例如，包含 2 美元抵扣优惠码的每周营销邮件。

虽然发放优惠码的邮件可以只是简单地用大号字显示优惠码，然后链接到应用程序，但 Eat24 通过为你讲述一些适时的小故事以吸引你的注意力，就像这封在美国独立日前一天发出的邮件（如图 7-26 所示）。

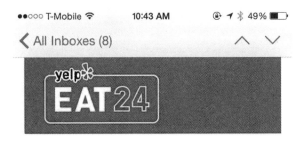

图 7-26
Eat24 搞笑的优惠码发放邮件

Hey, is anyone reading this? Oh, you're all out celebrating jello and sparklers? Good. We need to get a few things off our chest:

- Our British accent is fake.
- We've never seen Star Wars.
- Sometimes we eat broccoli.
- Sometimes we wear pants.
- We started the chia seed fad.
- Kale? Love it.
- We also love Nickelback and Creed.
- We're responsible for that nacho stain on your couch.
- We cried about Jennifer and Ben.

Whew. Felt good to get that out. Anyway, even though no one is reading emails this weekend, we're still giving you a coupon to order something covered in America (cheese)*, and also here's a link to our deep fried app.

这种个性化的表达在整个应用程序中是一致的，并且全面覆盖了各种日常提示以及对话框，比如"购物车为空"时的提示（如图 7-27 所示）。

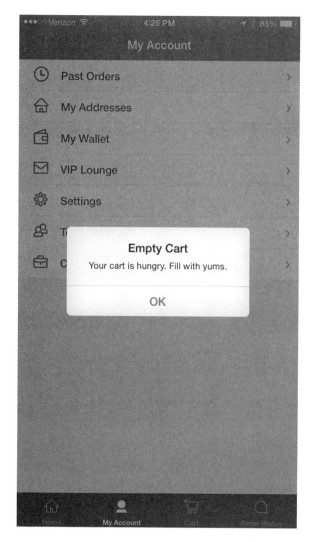

图 7-27

Eat24 的表达风格是一致的，甚至对那些日常的提示信息来说也是如此

美学与个性是相辅相成的，并且受到产品受众品味的影响。这些产品的个性能增进用户的信任、增加用户的忠诚度，而且让你的产品更易用。

"我一直以来都认为，软件不仅要有效地完成任务，而且还应该让人感到愉悦，"Tinder 的巴迪恩在采访中说道，"很多人没有意识到这一点，特别是当他们没有创造过消费性产品时。每个应用程序都有用户，而你为应用程序增添的每一点乐趣都会让他们过得更好、更有趣。"

说到易用性，接下来我们讨论动效，以及它如何极大地影响用户的参与度和用户对产品的理解。

动效

通过彼此紧密的协作，页面的各种状态能告诉用户下一步该做什么、接下来该期待什么，以及在特定阶段应该如何使用某个页面。

但怎样才能有效地在每种页面状态之间转换？怎样才能简洁明确地表达当下产品的状态（而不是通过类似用户操作日志文档的方式来表达）？

给你一点提示：答案就存在于动效中。

动效是一种使计算机人性化的设计。它反映的是真实世界的运作方式。但具体对于我们这些产品设计师而言，假如世界上的物体运动帧率是每秒 60 帧，"那么你在界面 A 和界面 B 之间就需要设计 58 帧"，Twitter 的设计师保罗·斯塔马蒂奥提醒我们。[15]

乔什·布鲁尔以前在 Twitter 任职，他认同这个观念。他在采访中说道："作为产品设计师，你要对所有页面之间的所有过渡负责，就像你对所有页面负责一样。"布鲁尔将其称为"中间状态"。

我们正在接近产品设计的一个阶段，在这个阶段中，团队已经不能再局限于创造界面或者简易的原型了。我们需要决定产品的动效，用动效来衔接页面间的过渡、充满产品个性的动画展示，使之融入我们构建的产品中。

这是因为动效不仅惹人喜爱，而且还是功能性的。它为特定任务所需的加载时间做出解释，并且帮助用户在做出特定操作后跟进接下来发生的事。不仅如此，你还在用一种视觉方式与用户沟通，让他们知道自己是如何从 A 点跳到 B 点的。

毕竟，我们**生活**在运动着的世界中。动效是关于物体如何存在、如何移动，以及如何从一个地方到另一个地方的故事。

"动效会讲故事，"Tinder 的乔纳森·巴迪恩在采访中说道，"这个故事可能是关于一个元素出现或者消失的原因和方式，或者是关于你从一个页面跳转到另一个页面的方式。故事的本质是唤起情感，因此我相信讲一个好故事就能自然达到唤起情感的目的。每个故事都有一群演员，而用户想要认识他们并了解他们身上发生的事。用这种方式看待页面上的元素，可以帮助我们为元素设计过渡进入、过渡退出，也可以帮助我们设计页面之间的过渡。只要这样做是合理的，我就会试图用一个'演员'衔接两个场景。对 Tinder 来说，个人信息卡片和个人详情页之间的过渡是最显而易见的案例。我们尝试将个人信息卡片的一部分转换为点击后进入个人详情页的组成部分（如图 7-28 所示）。我们希望通过同一张照片上的过渡，让用户知道：如果他们在该照片上做出和之前打开个人详情页相同的点击动作，页面就会逆转回卡片状态，同时关闭个人详情页。"

注 15：参见保罗·斯塔马蒂奥同名个人网站（Paul Stamatiou）上的文章 "Provide meaning with motion"。

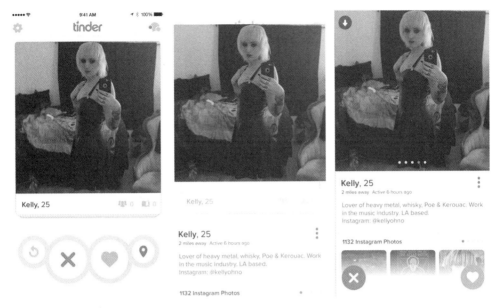

图 7–28
Tinder 个人信息卡片上的打开和关闭动效将卡片上的照片转换为全出血状态来过渡，从而向用户表明：两种浏览视图可以通过同一种点击操作来切换

来看一看 Elepath 的帕斯夸里·席尔瓦的一个例子，这是对"过渡性界面"概念极为出色的图示（如图 7-29 所示）。

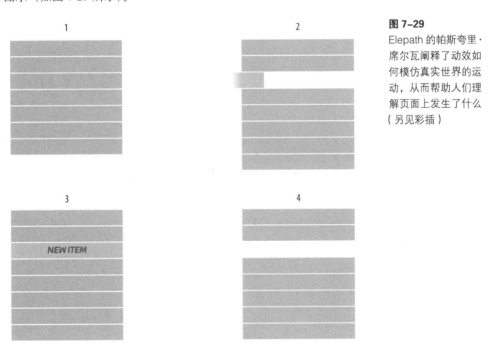

图 7–29
Elepath 的帕斯夸里·席尔瓦阐释了动效如何模仿真实世界的运动，从而帮助人们理解页面上发生了什么（另见彩插）

席尔瓦通过图示表明："为了添加一个条目，清单需要为它先腾出空间，然后让（来自某个地方的）新条目填入其中。如此一来，冲突感就减少了。为了让改变显得更加柔和，条目的移动方式会尽量平缓。这样感觉更自然，因为它让我们有了空间感——动效反映出了你在真实世界中往一堆东西中添加某个物件时的情景。"[16]

这很简单，真的。模仿真实世界的规则能帮助我们的大脑更好地理解正在发生的事。这是一种"生命的幻象"（illusion of life）。

"生命的幻象"恰好也是一本书的名字（*The Illusion of Life: Disney Animation*），它是有史以来关于动画的最好的书之一。该书于 1981 年由迪士尼动画师奥利·约翰斯顿和弗兰克·托马斯合作出版。

这两个人可是传奇人物。托马斯在 1934 年加入迪士尼，约翰斯顿则在 1935 年加入。他们和华特·迪士尼一起合作，创作了众多动画角色——从白雪公主到救难小英雄皆出自他们之手。

他们把迪士尼制片公司 50 年的动画制作经验提炼成现在大众所熟知的"动画 12 原则"。他们从 23 部动画长片中煞费苦心地总结出了动画中必不可少的要素，他们曾经正是运用这些原则来模仿基本物理学法则的。这样做的目的是什么？是表现动人的时刻并强调动画角色的个性。

那么这样做的效果呢？屏幕上物体的运动看起来非常真实，每个角色的动作和神态活灵活现，迪士尼动画也因此深入人心（如图 7-30 所示）。

图 7-30
白雪公主天真、欢快的动作在动画中表现得栩栩如生

产品设计中的动效可以帮助我们实现两个目的：让我们的产品深入人心，并且更加有用。这是一套非常棒的组合拳。

接下来我们探索几个动画原则，看看它们是否适用于产品设计领域。

注 16：参见 Medium 网站文章 "Transitional Interfaces"。

缓慢进入与缓慢退出

约翰斯顿和托马斯指出了"缓慢进入与缓慢退出"原则对于创造栩栩如生的动画的价值。相对于"缓入缓出"而言，这是一个听起来不那么"计算机式"的描述。只要人类仍在地球的引力范围内，从移动到停止就会有必需的加速准备及减速停止阶段（类似汽车的前进和停止）。对动画来说，这就意味着在物体移动过程的开始和结束位置将有更多的帧来描绘动态，而移动过程的中段用到的帧则较少。

这个原则可以按照需求略微调整，以传达不同的情感。例如，若想要营造喜剧效果，可以通过缩短缓慢进入与缓慢退出的过程（使其有悖常理）来制造一种惊喜元素，让动效更加活泼。

看看下面这个来自 Skype 的 Qik 应用程序的真实案例（如图 7-31 所示）。

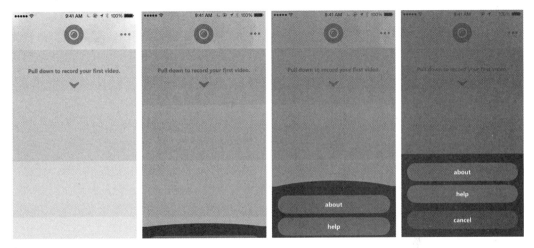

图 7-31

Skype 旗下 Qik 应用程序的动效设计

这是一个赋予用户界面组件体量感模拟的优秀案例。这个动效模拟的拖曳感带来一种可以感知的体量，如此一来，菜单的出现就不会让使用它的人感到突兀。同时通过运动矢量，我们也知道它来自何处。

同时，注意菜单的进入动效的结尾发生了什么：轻微的挤压和反弹。

这种刻意添加的动画元素称为**跟进与堆叠**。它存在的目的是反映一个动画角色是可以改变方向移动的，但任何东西都不会一下子停止。角色的头发、衣服、手臂甚至过大的耳朵，都会在将要停止运动时带有一点惯性；也就是说，在快要停止时，在角色原本运动的方向上继续移动少许距离。

在产品设计中，当我们想要强调 UI 元素从哪个方向出现时，可以用这种技巧增加一点个性化元素。但更为重要的是，可以用这种方法逐步**培养用户**对新按钮或菜单出现的预期。

我喜欢 Keezy 菜单运用这种原则的方式（如图 7-32 所示）。

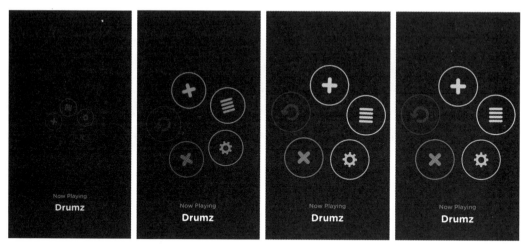

图 7-32
Keezy 利用了"跟进与堆叠"原则

镜头表现

镜头表现是一种动画原则。在任何场景中，它都会告诉观众，哪些才是故事中最为重要的部分。解释这个原则时，约翰斯顿和托马斯强调：电影只能在非常有限的时间向观众传达什么地方值得注意。因此镜头表现是一种工具，将观众的注意力引导到电影想要传达的主要故事或概念上。

在产品设计领域，我用以下两种方式解读这个原则。

- 首先，直奔主题。UI 元素进入视图不要花太多时间。根据我自己的经验，任何过渡进入超过 0.2 秒的组件都会让用户觉得移动太缓慢了。
- 其次，将动效运用在真正重要的组件上。让过多界面元素飞入视图会使用户分心，从而有损整体的产品体验。

Google Material Design 罗列的设计准则中，有一条名为"依照层级确定显现时机"（hierarchical timing），有一个很好的图例能够阐释这个准则。下面就是这个图例（如图 7-33 所示）。

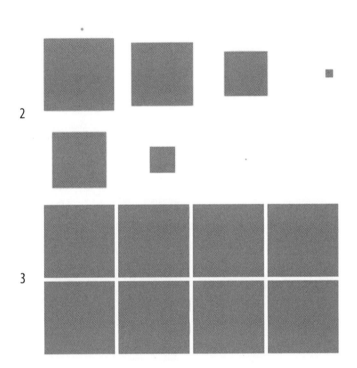

图 7-33

故事中最重要的部分是什么？为了强调优先级，Google 的"依照层级确定显现时机"体现了动画制作中的"镜头表现"原则

这个例子很好地体现了如何把动效作为一种手段来突出屏幕上最重要的元素。二级和三级选项也会出现在屏幕上，但出现的时机稍稍延后。此时，你的目光已经被吸引到动效所突出的网格上，它们对应操作优先级最高的组件。

动效的前景相当令人兴奋。我之所以这样认为，是因为当前对动效的利用水平仍然很低。即使有了像 Quartz Composer、Framer.js、InVision 或者 Keynote 这样的工具支持，设计师若想要完全原创且支持产品目标的动效和过渡，仍然要走过一条布满荆棘的道路。

换句话说，要想创造不干扰产品流的原创动效，仍然是很难的。这就是为什么在设计时遵循迪士尼的"动画 12 原则"可以省去你花费在无意义尝试上的时间，并把精力集中在真正有用的动效设计上。

"我认为，在细节上精益求精是非常重要的，坚持让事物以用户感觉最自然的方式运行，"Tinder 的巴迪恩说道，"过去几年中，我和很多人一样，在设计时总要参考迪士尼的'动画 12 原则'。我不会假装自己是专家，但你设计动效和交互时，应该把这些原则铭记于心。喜欢迪士尼没什么坏处。"

可分享的笔记

- 我们都是人类，都会受到产品中诸多因素的影响：响应速度、行为触发要素、美学考量、产品的个性特点，以及动效的构思。优秀的产品会先明确定位要为用户解决的痛点，然后在此之上加入对这些影响因素的考量，从而实现引流和创造难忘产品体验的目标。
- 反应速度和响应能力对产品的使用具有极大的影响，但我们所需的产品响应时间和使用情境密切相关。从桌面端、移动端到可穿戴设备，从间接控制主导（如键盘、鼠标）到触摸控制主导的界面，相应的响应时间需求各不相同。
- 在大部分情况下，产品设计师会有一些想要用户在某些时刻进入的特定用户流。这就是反馈环切入的地方。反馈环要想真正产生效果，就需要将一个观点植入用户的头脑中：这个目标是值得追求的，因为这样做会带来回报。
- 美学和个性是相辅相成的，并且受到来自产品受众品味的影响。这些产品的个性能增进用户的信任、增加用户的忠诚度，而且让你的产品更易用。
- 动效是一种使计算机更为人性化的设计，它反映的是真实世界的运作方式。作为产品设计师，你要对所有页面负责，同时也要对页面之间的所有过渡负责。

现在动手

- 让高响应速度为你的产品增光添彩。确保你的产品关键部分能够正常响应，并回到第 6 章学习如何设计友好的加载状态。
- 审核反馈环。这些反馈环是否满足了福格行为模型？如果没有，你缺失的要素是哪一个？是动机、能力水平，还是触发？
- 确保产品的美学和文案能反映受众的品味。
- 好好研究迪士尼的"动画 12 原则"，如果可以的话，弄一本 *The Illusion of Life: Disney Animation* 来学习。
- 参考 GitHub 上的 Capptivate.co 寻找动效设计的灵感（免责声明：孤立地评判一个动效的价值是很难的；在应用程序的背景下研究是一种更有成效的做法）。
- 好好研究 Google Material Design 中的动效部分，里面有很多不错的观点。
- 利用 InVision、Origami 或者 Framer.js 等类似的工具，来设计服务于你的产品和用户的原创动效吧。

访谈：乔纳森·巴迪恩

乔纳森·巴迪恩是 Tinder 的联合创始人兼高级产品副总裁。他由演员转行为开发者、设计师，参与创造了 Tinder，并将卡片组隐喻和向右滑动"喜欢"的功能引入该应用程序。你可以在他的同名个人网站（Jonathan Badeen）上找到他的详细信息。

你在产品设计的工作中尝试 / 结合过哪些普遍适用的人性化设计原则 / 心理学原理？

虽然我感觉大学的心理学课程很富有启发性，但我从未打算成为一名心理学家。对于 Tinder，我们非常关注行为动机。我们讨论各种可变比率程序的重要性。我们也知道把自己介绍给他人时的那种心理负担。把自己的信息张贴出去可能会是一件令人望而却步的事。正因为如此，我们在设计和交互上反其道而行之（将令新手紧张、忧虑的线上交友趣味化）。虽然在这件事上我的功劳只占很小的一部分，但产品中的一切设计，目的都是希望用户使用产品时能感觉轻松、有趣、好玩。

人类，就像其他好奇的动物一样，热衷于掌控自己的环境。他们希望一切事物以自己的意志为转移。想一想赌局中，输牌的扑克玩家愤怒地摔扑克的情景，再想想赢家缓缓甩出自己的扑克，一边还会骄傲地嘲讽输家"哭去吧"。我试图在交互中加入物理特性，从而提供我们在物理世界中熟知的物理操纵感。触屏使得这些设计的表现变得比以往任何时候都简单。

根据你工作中的发现，哪些因素会让设计变得更加富有情感？

我发现，如果想要设计变得更富有情感，动效和物理特性是非常关键的。它们让设计变得更吸引人。随着的点触和滑动做出响应和运动的元素，使得你和界面在情感层面建立了联系，这是静态页面永远无法做到的。动效和物理特性会使用户对产品着迷。

你如何借助动效构建令人难忘的独特体验？你的目标是通过动效让产品更讨人喜欢，还是说讨人喜欢只是动效顺便带来的好处而已？

并非所有的动效都应该令人感觉亲切。比如，专注于家庭安防的应用程序可能并不适合"有趣"而"亲切"的动效。安防是一桩严肃的业务。这需要你的应用程序能充分体现相应的情感。你可能会需要更机械、更井然有序的动效。

你需要为你的应用程序或你提供的服务寻找合适的情感表达。动效和交互应该与产品想要唤起的情感相匹配。如果你想展现有趣的感觉，那么跳跃的动效可能是你最好的朋友。如果你的目标是优雅、风格化以及奢华，那么就要更倾向于平滑、淡化等柔和的动效。一些实用性的产品可能使用直奔主题的简单动效会更好地达到目的（虽然这样做有些乏味）。

我想我更愿意在有趣的领域中工作。我总是在思考，如何才能让一个设计元素感觉更加鲜活。这可能需要它以一种有些出乎意料的方式出现，或者意味着模仿儿童卡通片中夸张的物理效果。

动效会讲故事。这个故事可能是关于一个元素出现或者消失的原因和方式，或者是关于你从一个页面跳转到另一个页面的方式。故事的本质是唤起情感，因此我相信讲一个好故事就能自然达到唤起情感的目的。每个故事都有一群演员，而用户想要认识他们并了解他们身上发生的事。用这种方式看待页面上的元素，可以帮助我们为元素设计过渡进入、过渡退出，也可以帮助我们设计页面之间的过渡。只要这样做是合理的，我就会试图用一个"演员"衔接两个场景。对 Tinder 来说，个人信息卡片和个人详情页之间的过渡是最显而易见的案例。我们尝试将个人信息卡片的一部分转换为点击后进入个人详情页的组成部分。我们希望通过同一张照片上的过渡，让用户知道：如果他们在该照片上做出和之前打开个人详情页相同的点击动作，页面就会逆转回卡片状态，同时关闭个人详情页。

使产品令人上瘾或是具备高用户黏性的必要组成部分是什么？是什么让人们总想要使用某个产品？

首先，你必须帮助用户解决某个问题。这个问题可能像排遣无聊那么简单，也可能像寻找灵魂伴侣那么重要。但如果更多地从设计、动效以及交互的角度出发，我觉得在细节上投入精力也是很重要的。一定要让用户感觉产品的运行方式是自然而然的。

你的设计有一种内在的幽默气质。是什么启发你这么做的？

我一直以来都认为，软件不仅要能有效地完成任务，还应该让人愉悦。很多人没有意识到这一点，尤其是当他们没有创造过消费性产品时。每个应用程序都有用户，而你为应用程序增添的每一点乐趣都会让他们过得更好、更有趣。

对 Tinder 来说，制造欢乐是一件尤其有趣的事。我们一直都想让产品的体验更加轻松，所以我们从游戏中获取灵感。过去几年中，我和很多人一样，在设计时总要参考迪士尼的"动画12原则"。我不会假装自己是专家，但你设计动效和交互时，应该把这些原则铭记于心。喜欢迪士尼没什么坏处。

在设计领域，你崇拜哪些人？

洛伦·布里切特。我不确定他算不算是真正意义上的设计师，但对我来说，他是神一般的存在。

麦克·马塔斯。他在苹果公司的工作成果、创立 Push Pop Press[17] 的经历，以及当前为 Facebook 做出的设计都会给我很多启发，并且让我意识到自己还需要继续努力。

我喜欢路易·曼地亚，主要是因为他以迪士尼动画和极客文化为题材创作的诸多墙纸作品。

布雷特·维克托是一位设计师，但更像一位开发者，他认为在软件开发过程中创新是很重要的。他的演讲"Stop Drawing Dead Fish"很有启发性。

注 17：电子书软件公司，于 2011 年 8 月被 Facebook 收购。——编者注

访谈：乔什·布鲁尔

乔什·布鲁尔是 Habitat 的创始人、前 Twitter 首席设计师，参与设计了 52 Weeks of UX、FFFFallback 以及 Shares 等应用程序，他还是 Socialcast 的前用户体验总监。你可以在 Twitter 上找到他：@jbrewer。

你做产品时会将什么牢记在心呢？

用户、用户、用户。人。这也许就是一直都会浮现在我脑海中的头等大事。当我说"人"的时候，我指的可能是各种各样与之相关的东西。它可以是我所做的一个小东西，为我自己或者其他任何适合的人。FFFFallback（布鲁尔做的通过测试 Web 的不同字体以选择最优字体显示内容的工具）是一个很好的例子。Web 字体正在变成一个重要的元素。有一天，我忽然明白过来："嘿，如果字体无法加载，我的内容看起来就会很糟糕。这可不仅仅是'哦，把这个粘贴进去，然后就会有适合我内容的字体栈了'。"所以说，这个产品是真正从我工作时的顾虑中诞生的。如果我为内容设定的 Web 字体无法正常加载，那么我的工作成果看起来就会很糟糕。因此我为解决这个问题而做了这个小产品。我当时觉得，我自己以及其他设计师都可能会遇到这种窘迫的状况，你懂的——如果 JavaScript 没有顺利加载的话。

但你可以看 Socialcast、Twitter 或任何我做过的产品。实话实说，我都是首先为用户考虑，然后接下来每一步的工作都要以充分理解用户为基础——无论是通过非正式的方式还是通过研究的方式（如果你能做到的话）来理解他们。

用户的行为动机是什么，他们所想的是什么，他们想如何完成这件事，从任务角度来说他们的最终目标是什么——然后，我想要给用户带来怎样的使用感受。我有时还没有弄清楚这些问题的答案。对于我做过的所有项目，我承认，应该有少数几个会运用我个人比较抵触的设计原则。但我不知道这些原则中是否有哪些通用的东西，可以让我说"好吧，我现在该做这个项目了，快查一查某个原则来运用一下"。

尽快做出一个保真度尚可的东西，然后把它呈现在一些人面前，甚至让我自己先用起来——我非常支持这么做，你可以问问跟我合作过的任何人，他们大概会认可这样做的必要性。静态界面在这个领域并不好用。这是因为静态界面表达力不够：在静态界面中，各个状态之间有很多无法表现的地方，容易导致人们随意地解读。作为设计师，特别是产品设计师，你要为所有页面之间的所有衔接负责，就像你对所有页面负责一样。

因此，你要尽快搭建一个保真度尚可的产品，这样做的作用很明显，这点我可以向你保证。你得亲自使用一个产品，要么让在它运行在手机上，带出去给大家看看，要么一个人独自钻研使用。你要么用单手的大拇指在手机上测试，要么坐在计算机前，面对着 27 英寸屏幕或者 11 英寸屏幕测试。你懂我的意思——你要真正使用这个东西。我发现有时候，如果还没亲自使用过产品，就很难说我已经完成了该阶段的工作（直到我真的已经使用过它）。

这是很不错的话题延伸，我确实很想知道你是如何工作的。你能带我走一遍整个工作流程吗？对于 Socialcast、Twitter 以及你自己的产品来说，我敢肯定，工作流程都是各不相同的。

是的，我认为在所有这些案例中，情况绝对是各不相同的。如果要我负责产品的大方向，我可能会先坐下来明确很多基本的工作条件，比如我与谁合作、我需要什么数据，以及我对这个产品已经了解到什么程度。

不过话说回来，其实它们的工作流程还是有一点共通之处。但做一个全新功能和改进一个已有功能的工作流程是比较不同的。对于全新功能，数据可能还不存在。因此在这个时间点上，你需要开始思考"我需要什么样的数据，我需要和工程师讨论什么内容"。我会尽可能理解我所面对的技术限制。

特别是当我在 Twitter 公司的时候，我和产品经理紧密合作，甚至和麦克·戴维森一起明确我们要解决的痛点。

这才是最重要的事，而不是"我们需要一个新功能"或者"我们需要一个东西完成什么事"。我们首先要明确的实际上是"我们在为人们解决什么痛点"，然后引出接下来要解决的难题，比如"好，这为什么是个痛点？""我们对此有何了解？""我们产品的用户操作日志中有能体现这个痛点的数据吗？我们有东西可以证明它存在或否认它存在吗？情况是否有些模糊呢？"

因此我要尽可能使用一切辅助工具来清晰地呈现产品的大方向，或者至少先明确我想要预先开始研究的那部分。我在 Twitter 公司工作的时候非常幸运，因为我们有一个无与伦比的研究团队，跟这些人一起工作的感觉棒极了。我会通过以下方式来逐渐推进工作的进展：用白板梳理思路，结合便利贴，总结归纳后画出界面草图，之后再制作高保真界面。

我最喜欢做的一件事就是，抓住一位研究员然后说："嘿，考虑到你对研究成果有清楚的了解，而且已经差不多完成必要的研究了，我们一起来明确要解决什么痛点吧。"如此一来，我就能真正把进度向前推进、提出质疑，并且反复从不同角度来看待这个问题。这时，我就开始深入挖掘问题的真正解决方案了。

我通常会动手画草图，有时会从画草图转到写代码上，然后大致做出一个 HTML 原型。其他的时候我会直接跳到使用 Photoshop 设计的阶段，因为我深知，只有具有一定保真度的原型才能清晰地表达我想要表达的东西。

即使进入使用 Photoshop 设计的阶段时，我仍然会尽快把原型转化为代码，然后努力让原型能够运行、使用。有时这个工作由我来做，或者如果我足够幸运的话，我可以请负责iOS 或 Android 开发的工程师和我一起做原型。于是我们就能尽快做出真实且接近原生系统体验的应用程序。

接下来就是进一步完善的过程了。你将引入其他人跟你一起坐下来工作，探讨、质疑、审视、评论产品。你懂的——你要让产品通过我们当前设计原则的考验，如果需要就重新用白板梳理思路，否则继续向前，不断修改和完善。你要一直重复这个过程来迭代，直到产品趋于完善。也就是说，你已经考虑到了所有的状态、过渡和交互，以及如何将产品融合到相应的系统情境中。以上就是我大致的工作流程了。

当然，我必须要加上"具体问题，具体分析"的警告。我所用的有时是 Keynote，有时是 Photoshop，有时是纸上的草图，其他情况下则是真正高保真度的 HTML、CSS 和 JavaScript。

一切都要根据我所面临的情况而定。为了使团队中的其他成员可以顺利继续前进，我要考虑当前的限制是什么，我需要交付的保真度是什么。

你曾提到中间状态设计，即过渡和动效。我认为这是很多设计师都会纠结的地方。你个人是怎么做的？

这是个难题。Quartz Composer 就像一面巨大的墙。有些东西是有学习曲线的，而 Quartz Composer 则有学习墙——我还没有完全翻越它。我确实玩了一阵子这个软件，有人最近放出来的一些补丁绝对帮了不少忙。

我觉得我在 Twitter 公司的时候非常幸运，有几个人对 AfterEffects 以及动效设计很在行。公司会专门雇几个精通此方面的人从事这样的工作，让他们真正专注于这些任务。当我们把原型交到工程师那里时，工程师就会说："不错，我会搞定的。"这样我们就不用反复沟通。

但如果你们做不到这一点，那就倒退回去使用基础一些的工具。我会倒退回去使用 JavaScript，尝试通过一些缓动函数，尽可能做出更加逼真的原型。

或者使用 Keynote，尽可能做一个近似的东西，然后和开发者一起反复推敲具体实现的问题。

但在这个阶段，我还是要提醒你，就像做任何事情一样：尽你所能就好。但我个人感觉有一种东西比其他东西都更加贫乏，那就是我们设计过程中的动效和交互组件。而且这种情况特别奇怪，实话实说，我们也许需要 Flash 来提供更多的动效——我不敢相信自己竟然会这么说。我们需要一种工具来帮助表达："很好，这些就是我们界面中的元素，而这是适合它们的移动和表现方式。"

如果有人能够尽早致力于改善这种局面，那就太好了。我就希望有一个工具可以帮助我区分各种动效和交互的组件，且让我能够将交互方式直接分配到界面的特定组件上。谁知道呢？也许有一天，有人会大致搞明白如何跳过 Xcode，用更简单的方式做 GUI 设计，或者把 Xcode Storyboarding 变得更好用之类的——我不知道。但我可以想象 Android 和其他来势汹汹的技术将促使我们进入一个真正重视交互设计以及中间状态设计的时代。

第 8 章

解读反馈并"升级"你的产品

毕竟，这是一个创造的过程

> *神话传说呈现出一种模式：当故事的走向滑入深渊之底时，救赎之声便会从某处*
> *传来。"至暗时刻"意味着真正的转机即将来。黎明前的黑暗是最黑暗的，但*
> *也预示着光明即将到来。*
>
> ——约瑟夫·坎贝尔，《神话的力量：在诸神与英雄的世界中发现自我》

构建产品的过程是混乱的。问问游戏设计师杰克·所罗门，你就会明白这个道理——他是广受好评的游戏《幽浮：未知敌人》的首席设计师。

所罗门在少年时代就痴迷于电子游戏，长大之后，这种痴迷将他引向一份工作——他在著名游戏设计师席德·梅尔的公司 Firaxis 找到了机会。梅尔是传奇经典系列游戏《海盗》和《文明》的策划者。

所罗门自此平步青云，成为"席德·梅尔团队中深受信赖的一员，参与解决复杂的问题，并在梅尔和其他员工间起到了协调作用"。

所罗门还是个孩子的时候，有一款游戏特别让他着迷：1994 年推出的《幽浮：飞碟防御战》。刚来到 Firaxis，所罗门就游说团队制作现代版的《幽浮》。根据 Polygon[1] 的报道，当时他对制作现代版《幽浮》的坚持超乎寻常，这件事甚至变成了当时业内流传的笑话。

注 1：Polygon 是一家与 Vox Media 合作的游戏网站。这家聚焦于文化的网站覆盖的内容包括游戏、游戏创造者、粉丝、热门故事、娱乐话题等。——译者注

但这种信念得到了回报——公司同意提供所罗门一个小团队和几个月的时间，以搭建全新的展现新《幽浮》如何运作的原型。

但他搞砸了。此后一次又一次地失败。这种局面持续了约 5 年之久。

"我们的工作是要制作好玩的新《幽浮》，但我们彻底失败了，"他在一次采访中说道，"那是一段非常艰苦的日子，因为直到发现失败的那一刻，我才第一次感觉到真正的压力。当我们逐渐收到玩家的反馈时，我在想：'该死。我是这个游戏设计师，我有这样的创意。但几乎所有人都明确表示这款游戏不好玩。'就在这个时候，作为一名设计师，你会开始觉得：'好吧……我找不到正确的答案了。'"

在设计了数十款取得成功的游戏之后，梅尔对产品开发流程中出现的这种状况已经非常熟悉了。他称之为"绝望谷"。

"当你启动一个项目时，往往对其寄予厚望，你对将制作出怎样的游戏以及它将有多棒已经有了一种愿景，"梅尔说，"但有一些预想会实现，另一些则不会。当游戏的制作进度已经过半时，并非一切都能如你所愿，并非一切都像你预期的那样顺利，你会感到疲惫不堪。你可能已经研究了上百遍。你可能会纳闷：为什么你是唯一一个觉得这个游戏好玩的人，唯一一个喜欢这款游戏并且相信它能成功的人。此时，你需要一点信念才能排除万难，冲出重围。这就是绝望谷。"

绝望谷。作为产品设计师，我们都理解这种感觉。我们都曾有一个时刻，觉得自己负责的产品不会成功，没人会喜欢它。这是内心的恐惧在作祟——你在担心你所有的研究和心血将付诸东流。

但走出绝望谷唯一的方法就是勇往直前。有时候，我们需要回归本质来照亮前方的道路。而所罗门就是这样做的。抛弃了多年的投入和多次针对《幽浮》可玩性所做出的尝试后，所罗门和梅尔回归本质，将该游戏的外部元素剥离之后思考其内核——棋类游戏。

利用从《冒险》团队征用来的坦克模型和纸牌，梅尔和所罗门制作了《幽浮》策略游戏的原型。他们用两周时间玩了这个自制的策略游戏，这个过程帮助他们改进了游戏规则，并且解决了一些最为棘手的游戏可玩性问题。

"我们画出了地球，然后提议，'好吧，外星人入侵题材的策略游戏，就这么做'，"所罗门说，"你必须从一个宏观的层面开始构思。你必须先回答：游戏中会有哪些重大选择需要玩家做出？每个回合玩家应该干什么？游戏可以是即时进行的，但玩家做决策时可以适当暂停，给他们时间来考虑。这些决策是什么？玩家会权衡什么？他们会做什么？"[2]

《幽浮：未知敌人》后来取得了巨大的成功，获得了 Metacritic 评测给出的 89 分的高分，

注 2：所有和《幽浮》相关的引用都来 Polygon 网站文章"The Making of XCOM's Jake Solomon"。

并且成为 2013 年最畅销的游戏，支持 PC、Xbox 以及 PS 平台。对于一款非 AAA[3] 游戏来说，这是一个极大的成就了。[4]

我们在一切具有创造性的工作中都能看到这种模式。

我们以科幻小说中最伟大的角色之一——《星球大战》中的楚巴卡为例。

楚巴卡标志性的"行走着的地毯"一般的外形设计可不是乔治·卢卡斯或传奇概念设计师拉尔夫·麦考里一拍脑袋就想出来的（如图 8-1 所示）。

Ralph McQuarrie
Circa March/April, 1975

图 8-1
迈克尔·海勒曼的网站 Kitbashed 把《星球大战》的创作历程做成了编年史的形式，其中拉尔夫·麦考瑞最早设想的楚巴卡外形颇夺人眼球，在实际电影中确实做了很大的调整

"楚巴卡并不是来自无法解释的灵光乍现，也不是当卢卡斯看见他的狗坐在汽车后座上时一下子浮现在脑海中的主意，"海勒曼写道，"人们会有这种看法，不过是对制作人只言片语的断章取义。创意、灵感只是创作过程中很小的一部分。事实上，《星球大战》的制作是复杂而富有人性思考的过程：从漂浮在脑海中模糊的几个候选角色名开始，接着思考角色概念的核心，修改角色存在的目的和作用，之后还要进行重大的调整，设计焦点从一个角色转向另一个角色，拆解一些现有的概念尝试另辟蹊径，从不同的角度观察既定的内容，确保一系列对剧情的安排严丝合缝并互相支撑……光是罗列这一部分创作过程就让我有些上气不接下气了。《星球大战》的诞生与走红并不是因为一种神秘的、受创意女神眷顾的力量，或一种灵感无限的全能力量。与一切卖座电影的诞生之路一样，《星球大战》的成功之路也是一步一步走出来的。"[5]

注 3：电子游戏行业中，AAA 指需要投入 "A lot of time, A lot of resources, A lot of money"，即制作耗时长、投入成本高、消耗资源多的游戏。——译者注
注 4：参见 VGChartz 网站对 *XCOM: Enemy Unknown* (*PC*) 的介绍。
注 5：参见 Kitbashed 网站文章 "Chewbacca"。

对于任何创造性的工作（包括构建产品）来说，流程都是大致相同的（如图 8-2 所示）。它们都是一种在前一版完成的基础上进一步改进的线性过程。

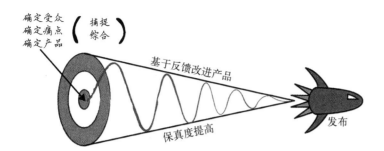

确定受众
确定痛点
确定产品

捕捉
综合

基于反馈改进产品

保真度提高

发布

图 8-2
产品创造模型：产品创造的过程其实就是经过一系列的改进、迭代，直到产品达到值得用户使用的保真度

但这些改进的依据从何而来？改进需要的反馈和批评应该来自你的团队、朋友、家人、外界的 Beta 版测试参与者，还是你的用户（理想情况下）？

如果改进需要反馈，那你该如何收集有效的反馈？反馈的收集过程应该按照什么样的结构来进行？谁来提供反馈？而且你怎样才能知道应该依据哪些反馈来**升级**你的产品？

接下来我们讨论这些问题。

升级

第 5 章中谈到了很多把你的产品理念尽快原型化的好处。这是因为能帮助你们进入收集反馈的阶段。而且我们都知道，在真空中创造出来的产品缺少来自用户反馈的氧气，最好的结果顶多是产品不切实际，最坏的结果则是彻底的失败。

游戏设计中有一个理论，称为**加速流**（acceleration flow）。这是一种状态非常独特的流，而并非传统的**流状态**（flow state）。传统的流状态指用户在此状态中不用思考自己该怎么做，而是完全下意识地操作。加速流不同于传统流的地方在于，用户操作不仅不需要过多思考，并且还能感受到能力提升。玩家被带入一种未来的状态，在这里他们能看到自己的人物变得越来越强。但秘诀在于，他们并不知道人物接下来具体会变成什么样。

这种状态在角色扮演游戏中很是盛行，包括《魔兽世界》《质量效应》，以及我一直以来的最爱：《星球大战：旧共和国武士 2》（如图 8-3 所示）。

图 8-3

《星球大战：旧共和国武士 2》的技能面板展示了玩家如何才能升级自己的角色

这种不断循环着的游戏吸引力，背后的秘密就是能力加强的可能性。《魔兽世界》的玩家每完成一个任务，获得一个装备，游戏难度就会变得稍微简单一点。下一个会掉落装备的 boss 就会因为该角色能力的提升而倒下得更快。玩家的角色不仅会因为更多的装备而逐渐变得强大，而且装备还会帮助他们在今后变得更快、更强。玩家控制的角色变强的速率不断提升。由此，一个正反馈循环就产生了，其目标就是玩家预想中将出现的"奇点"：在未来的某一刻，他们将成为一种所向披靡、坚不可摧的力量。[6]

加速流的设计遵循一种特定的曲线。起初角色的能力会有短时间较大幅度的提升，然后是一段较为平缓的上升期。随着游戏接近尾声，角色的能力又会迅速提升（如图 8-4 所示）。

图 8-4

角色扮演游戏中的加速流曲线（另见彩插）

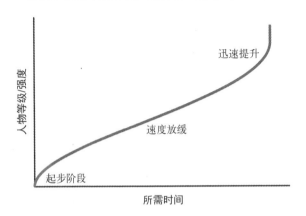

迅速提升

速度放缓

起步阶段

人物等级/强度

所需时间

注 6：参见 The Game Design Forum 网站文章 "Acceleration Flow—Part 1"。

事实上，这些玩家沉醉于一种未来的愿景——在那里，他们的人物将更强大，也许他们尚且无法理解一些属性加成。严格来讲，他们设计出了一种指数型的游戏属性增长结构，这种结构会不断超越玩家当前的预期，呈现新内容。

产品升级也与之类似。我们在早期探索广义的产品概念并确定要解决什么问题时，会取得较大的进展。接下来有一段很长的改进过程。最终，等到积累的反馈达到一定程度后，我们就能使产品进入一种比预期还要强大的状态。

在开始研究如何收集和解读不同来源的反馈之前，我有必要再啰唆一句：反馈可能会尖酸刻薄。作为产品设计师，应当全身心地投入工作，因此不要把负面评论看作针对你自己提出的。创造性工作自然会反映其创造者个人的特质，但这并不意味着任何负面评价都是冲着你来的。

记住这一点后，你要知道，为了升级产品并为交付做好准备，有三类反馈可能会给你帮助。它们来自：

- 你的团队
- 现有的用户和 / 或客户
- 潜在的用户和 / 或客户

接下来我们仔细研究每一类反馈，然后讨论如何有效地收集并运用反馈。

团队评审

团队针对产品的评审有两种方式：一种是非正式的、私下的评审；一种是大规模的、更加结构化的评审。

先从参与定义产品的人员中收集反馈
早在第 3 章我们就谈到过：那些和你待在一个屋子里、参与定义最终要做的产品的人。通过一对一、非正式的方式面对面地征求意见，是一种获得早期反馈以及排查问题的好方法。理想情况下，这些人来自不同的团队——产品、工程、营销、销售，以此类推。尽早获得一切你能从他们那里得到的意见。获取直接的、有针对性的、可操作性强的反馈。这也能解释为什么尽快完成原型是如此重要。这样做还有什么影响呢？这些人会感觉自己对产品投入得更多，因为他们的声音得到了倾听和考虑，并且直接影响了产品的走向。

"你将引入其他人跟你一起坐下来工作，探讨、质疑、审视、评价产品，"乔什·布鲁尔在一次采访中说道，他是前任 Twitter 主设计师，"你要让产品通过我们当前设计原则的考验，如果需要就重新用白板梳理思路，否则就继续向前，不断修改完善。你要一直重复这个过程来迭代，直到产品趋于完善——也就是你已经考虑到了所有的状态、过渡和交互，以及如何将产品融合到相应的系统情境中。"

这个概念和皮克斯公司采用的工作流程很相似。该公司将负责评价工作成果的团体称为"智囊团"，这是"公司的一种基本体系，用于团队成员针对工作率直地沟通意见。智囊团成员每几个月就要碰一次头，评估我们正在制作的电影。这个流程的前提非常简单：把聪明的、有激情的人叫到一个屋子里来，让他们肩负起鉴别和解决问题的责任，并且鼓励他们坦诚地表达意见"。[7]

如此一来，皮克斯公司成功地将创造力发挥到极致，并利用这种优势取得了全球范围内高达 100 亿美元的总票房。截至本书写作之际，皮克斯公司制作完成了 14 部电影，赢得了 14 个票房冠军。在坦诚的氛围、建设性反馈的协助之下，智囊团体系更是帮助皮克斯将创造力发挥到了合适的地方。

> 从事复杂的创造性项目的人会在这个过程中的某个点上迷失。这是创造过程的本质——为了创造，你必须将该项目内化，并且在一段时间内几乎成为该项目本身，而这种和项目近乎融为一体的状态是最终成果诞生的核心要素。但这个过程也非常令人困惑。当一位剧作家或导演产生某种想法时，他 / 她就会迷失其中。他 / 她曾经能够看见一整片森林，但现在眼里只有树木了。

通过开启设计复核，打破公司中的谷仓效应

"对设计团队来说，时常对工作进行集体复核是一种很常见的实践，"奇妙清单公司的创始人本尼迪克特·莱纳特写道，"设计复核能为设计师提供回旋的余地，让他们在设计过程中对彼此的工作提供建设性的建议，目的是提高最终产品的整体质量。最后，正如你们中的大部分人所知道的那样，为设计师同事提供反馈的目的是帮助他们顺利完成工作。"

"因此，如果你打破谷仓效应[8]，在整个公司范围内启动设计复核环节会怎样？"[9]

结构化的设计复核对设计团队而言至关重要，但风险是，随着时间的累积，人们容易变得故步自封。莱纳特在奇妙清单公司工作时开创的复核方式，对产品设计师来说是绝妙的参考，能够帮助他们保持警觉，勇于面对更加尖刻的内部反馈。

作为首席设计师，莱纳特在奇妙清单公司开创了两周一次的"公开设计复核"。在这个流程中，产品设计师分享自己手头的工作，解释背后的原理，并且为团队成员准备一些具体的提问。

我之所以喜欢这种创新的设计复核方式，有以下几个原因。

- 公开设计复核提供了自然的内部反馈检查点，并且为团队工作的进展确保了定期的交流和沟通机会。

注 7：参见《快公司》杂志英文网站文章"Inside The Pixar Braintrust"。
注 8：指企业的部门之间缺乏横向沟通，信息闭塞，各自为政，就像一个个封闭的谷仓。——译者注
注 9：参见本尼迪克特·莱纳特同名个人网站（Benedikt Lehnert）上的文章"The Open Design Review as a tool to establish a company-wide design culture"。

- 它为所有人设定了清晰的期望：谁要准备、在何时准备、需要用什么做好准备。
- 设计师无法回避问题。如果团队内部对当前的设计评价不高，这些负面意见就会通过建设性、结构性的复核流程变得更加突出。该流程也允许设计师解释其思考过程以及每个决定后的理论依据，从而尝试影响团队的看法。

莱纳特建议，在每次会议中安排一位引导人，其职责是记录和协调。除此之外，公司中的每个人都需要尽力考虑周全并且以用户为中心，从符合他们专业的角度提供反馈。

启动一个私下的内部 Beta 版测试

"如果团队开始构建产品时，大家的感觉都是'这玩意儿太糟糕了'（那么这就是一个警示信号），"风险投资人乔什·埃尔曼说（他是资深投资人，曾投资过 Facebook、LinkedIn、Zazzle 等诸多公司），"你相信团队成员之间达成的共识，但有时候也需要坚持自己，因为人们容易在困境中越陷越深，或者产品的构建遇到了比他们想象中更严峻的困难。但如果你仍然认为这样做是正确的，那就继续坚持自己的主张。"

莱纳特的"公开设计复核"的进阶版本就是把产品直接交到团队成员的手中。在内部分发产品的测试版，顺便监测下载比例。如果是我，至少会努力让团队 40% 的人上手测试产品，这样就能获知产品在真实情境中的使用情况。如此一来，你不仅能鉴别出产品特别薄弱的地方，还能通过操作日志分析你的团队成员在哪里跳出或是放弃了某个用户流。

总体来说，除非使用特定的产品已经变成了用户日常生活习惯的一部分，否则他们很难熟练地使用某个产品。因此内部 Beta 版测试会为你团队中的所有成员减轻这方面的担忧。团队成员可以提前在真实生活情景中使用你们的产品，通过这种在多样化的地点和场景中的使用，可能发现一些此前忽略的产品潜在使用情境。他们可以在睡不着觉的时候使用它，也可以在创意萌发的时刻打开它。

这是因为你永远无法知道创意会从何而来。

鼓励提交 bug

内部测试中我最喜欢的一个部分就是，通过鼓励团队提交 bug 来观察他们把什么看作 bug，而又把什么看作刻意的设计。不要误解我：这不是什么变态的社会实验，此时提交的 bug 看似漫不经心的评点，但所针对的是早期产品中可能非常模糊或者令人困惑的用户流及操作。没错，你在这个阶段会收到很多误报，或许有人会指出很多你已经在下一个尚未发布的版本中已修正的问题。但如果你收到了关于主要用户流及操作中的 bug 报告，就要对此给予重视。

经常沟通最新进展

"迭代设计是很难的，"威尔斯·莱利说（他是一位经验丰富的产品设计师，就职于创业公司 Envoy），"一旦人们已经投入了很多，觉得已经完美了，就不想再做任何修改了，所以我不会追求做出完美的东西。我会尝试先做出差不多的东西，并且随着时间的推移不断改进它。"

在这个阶段，应该将你和你创造的东西区分对待，同时你应该接纳改变。正如我们一次又一次看到的那样，创造产品的过程是一个不断坚持改变的过程。因此我们要在团队中不断沟通最新进展，使大家都能跟进：新加入了哪些东西、取消了哪些东西、重做了哪些地方。

人类是喜新厌旧的。人脑中有一种"与获得新事物时相关联的兴奋反应"[10]。因此，以每周一两次的频率，使团队跟进令人兴奋的开发进展。这样一来，你也能保持大家对产品的关注度，并维持至关重要的反馈环的运行。

"我认为沟通是我最重要的职责之一。我也会在团队内传播能找到的所有和我们的产品概念或竞争对手相关的信息，"露比·安纳亚说，她现在是 WeWork 的社交产品总监，"我一旦找到任何我认为具有影响力的消息，就会告知我的团队，并收集他们的想法和观点。我会对我了解到的信息做进一步的详细分析，但我也喜欢抛出快速而简短的信息，让团队及时跟进人们当下所想及所做的事。所有我合作过的团队中，我所做的第一件事就是建立IM（即时通信）群，我们在群里可以时常沟通各自正在做的事。当然，还会发很多猫咪的动图。"

从最难的部分开始

先集中精力修改简单的部分是很吸引人的，如字体不匹配、像素未对齐，以及错误的配色。但这些问题都是次要的。此时如果搁置那些真正令人担忧的问题，就会导致你们接下来没有多少时间对核心产品方向问题进行修正。

这就是为什么在最后阶段的收尾之前，先根据反馈来对设计进行微调和迭代是非常重要的。先确保核心方向正确——忠于你的产品做出的承诺——**然后**再继续前进。

最终，你的产品会基本达到能够解决用户痛点的程度。产品不会是完美的，它也不应该一味追求完美。但只要你每周都能交付做出改进的版本，积少成多，产品就会得到很大的改进了。从一次次的改进版本中总结经验、教训，这样做总比完全不发布可用的测试版更好。

相信研究结论

反馈具有很强的影响力，甚至能够搅乱你起初做好的计划。如果你因为反馈而迷失了方向，那么就回到一开始进行的用户研究上。你为什么要做这个产品？你一直专注于解决的痛点是什么？你所创造的产品是解决这个问题的最佳方式吗？你初步的研究是所有这些后续工作的指南。在后续的工作中，不要忘记你最初从研究中得出的结论。

以上这些反馈环节的侧重点，还只是围绕从团队中得到的反馈来建议的。我们接下来谈一谈从用户那里收集到的反馈——既包括产品现有的用户，也包括产品潜在的用户。

注 10：参见 Aimee Dinnin 的论文"The Appeal of Our New Stuff—How Newness Creates Value"，刊载于 *Advances in Consumer Research*，第 36 卷，第 261~265 页。

用户反馈

用户决定着产品的存亡。那么，为什么不把你的产品尽早交到用户手中，从中获得反馈呢？

但是，获取用户的反馈和从团队成员那里获得的评价是截然不同的。

你需要找到适合参与反馈的用户，然后需要解读反馈并据此做出改变。

解读反馈时务必谨慎。如果你一不留神加入自己的偏见来解读收到的反馈，那么就要面临整个初始研究结论被颠覆的风险。

但你也要明白，你已经做了研究，也知道该如何构建产品了。你之所以能进行到这个阶段，是因为此前的研究已经为你塑造了一种产品的直觉。那么，如何才能知道什么时候该放手一搏，什么时候又该忠于你的研究分析结论呢？

很高兴你能问这个问题。我们先从**选择谁**开始，然后再谈谈**怎么做**。

确定适合参与反馈的用户

你要么在构建一个已经拥有一些用户的产品，要么在构建一个还没有用户基础的产品。

现有用户

有很多方法可以对现有用户进行更细化的分类，但其中有一些方法是南辕北辙的。当你就某个新产品收集反馈时，关注**每一位用户**是严重错误的做法。这样做不仅需要投入很多精力来收集反馈，而且还得在多个方面分散有限的注意力。这样一来，你就很难对当前要重点改进的部分投入足够的关注度。

你会让一位机场行李管理员来测试航空调度员的新型控制系统吗？或者，你会请机场的全体员工参与讨论为航空调度员设计的新功能的优劣吗（有时候会，我是指在一部 20 世纪 90 年代的糟糕影片中 [11]）？

当然不会，因为这样做会导致你的研究结果产生巨大的偏差。就算情况再好，这些反馈也是不专业的意见。而在最糟糕的情况下，你会根据无关人员的建议做出改变。

当你的产品遇到这种情况时，就不能把所有的产品用户看作同等重要的。并不是每位用户都像核心用户那么有价值。一些人拥有的经验对你的产品有用，另一些人的经验则没有这种价值。一些人会付你们钱，另一些人不会。一些人是新用户，另一些人是老用户。一些人刚注册就异常活跃，另一些人并不活跃，虽然可能也注册不久。

我的主张是，你应该选择和你当下正在解决的问题相关的用户群体。

你正在做的新功能是关于媒介分享的吗？很好。你应该和最近发送过信息并且上传过新头像的用户聊聊。

注 11：作者指的是一部以航空调度员工作为主题的喜剧电影《空中塞车》。——译者注

你想要加快注册流程吗？很好。找到所有最近触发了注册进程的用户，**特别**是那些没有走完注册环节用户流的人，同时跟他们谈谈产品使用体验。

你想要增加产品的营收吗？去找那些曾经进入升级付费流程，但没有实现最终转化的免费用户。然后再去找那些大多数时间都在付费使用的用户。二者的区别是什么？

例如，赫特·沙在 KISSmetrics 工作的时候，会在发布新功能时为精选用户提供一种关联感和舒适感。

"一旦完成了一个可交互的原型，我们就会花大量时间进行可用性测试，或者说请真实用户来遍历产品的用户流，从而避免我们疏忽某些部分，"他在采访中说道，"我们喜欢尽快做出让用户能够使用的东西，特别是对 KISSmetrics 这样的网站分析类工具来说，让用户尽早分析自己网站的浏览数据是很重要的，因为分析工具的对象就是你自己的数据。"

赫特·沙强调：对于获取反馈的过程，从产品现有用户的有限群体中收集反馈确实是利大于弊的。

"有时在原型阶段，屏幕上不靠谱的东西比我们第一次大范围发布产品时还要多，"他说，"测试范围要灵活，而且要尽早基于用户的反馈做出后续的行动。根据我的经验，你越早把原型送到用户手中，在大多数情况下，最终的结果就越令人满意。"

潜在用户
如果你就职于一家创业公司，或者是一家想要在新领域扩张的公司，你该如何从零开始创造一个产品呢？

一个切入点就是，从你研究过的潜在用户中招募用户参与测试。但这也有风险。

这是因为在第 2 章，我们已充分探讨过的民族志研究方法（"销售考察"，由艾米·霍伊发明，还记得吗）的目的就是要说明：**你不应该随便找人征求意见。**人们常常不知道自己想要什么。除非你是一位能在提问时排除个人偏见的专家，否则你很有可能会弄巧成拙，最后就像电视剧《硅谷》里面的唐纳德一样，在旧金山到处转悠，然后用听起来很疯狂的推销话术骚扰别人，比如：

"您对这个产品感兴趣吗？是非常感兴趣，还是稍微有点感兴趣？"

历史的道路上堆砌着上千家科技创业公司的遗骸，它们的员工都曾在星巴克随机找人询问对自家产品的看法。

甚至 Intuit——最早采用民族志研究驱动产品设计的科技公司——也曾迷失过方向。这家公司曾冒着不被市场认可的风险，想打造一枝独秀的产品地位。其产品团队曾不惜投入一切来扩展其产品线，但这些产品看起来要被永远降格为"闲置软件"了。

"斯考特·库克自此重新认可了宝洁公司的一条基本原则——新产品应该建立在真实的用户行为基础上，而非听用户**说**他们想要什么就做什么产品，"*Inside Intuit* 一书的作者写道，"很多用户反映希望更轻松地准备退休财务规划，并且告诉该公司，自己希望通过购买 Intuit 的产品来完成这件事。但总体来说，由于用户在 Intuit 将相应的产品上线之前从未做过财务规划，Intuit 的产品也不能轻易说服他们从此开始入门。"[12]

我们可以通过私下接触潜在用户，或者公开邀请一组用户来参与测试一个未公开的产品版本。

前一种方法——即私下里通过原型或可运行的版本来接触潜在用户——就是赖恩·胡佛所学到的方法，他通过这种方法建立了 Product Hunt。

> 数年的耕耘——写博客、建立人脉，以及运营 Startup Edition 这样的项目——为我赢得了听众和支持者。"创业"这个词是具有欺骗性的，成功的公司不是一夜之间崛起的，它们有多年的经验作为基础，此外还通过努力耕耘获得了不少人的帮助。[13]

通过个人间的接触和沟通来测试产品，对于找出产品的缺陷来说可能是非常有效的办法。曾投资过 Greylock、Twitter、Facebook、LinkedIn 以及 Zazzle 等公司的乔什·埃尔曼是这样解释的：

> 如果你无法简洁地表述产品的概念，或者当你告诉其他人时，他们完全无法理解，并且他们在听完你的介绍后很难复述出来——那就是我真正担心的两种情况。我觉得这就是问题的关键所在。这要么是因为你无法完整地表述，要么是因为在你表述产品概念时，你的听众心不在焉。但即便如此，如果你相信你的产品，只要他们没有完全会错意，我觉得就没有问题，因为也许这只能说明你需要一种更好的表述罢了。

后一种方法——从你所在的社区公开邀请一组用户来测试一个未公开版本——就是 Dropbox 最初的产品发布方式（如图 8-5 所示）。但是，这种方法需要多做一点准备。你需要准备一个简易的推销方案、一个能够运行的注册和登录系统，以及一个可控的分发登录信息、软件的系统。最后，你还需要一种手段来跟踪产品的使用情况，这样就可以通过实际使用情况来分析用户，以避免带入个人偏见。

注 12：参见 Suzanne Taylor 和 Kathy Schroeder 的著作 *Inside Intuit: How the Makers of Quicken Beat Microsoft and Revolutionized an Entire Industry*。

注 13：参见《快公司》杂志英文网站文章 "The Wisdom Of The 20-Minute Startup"。

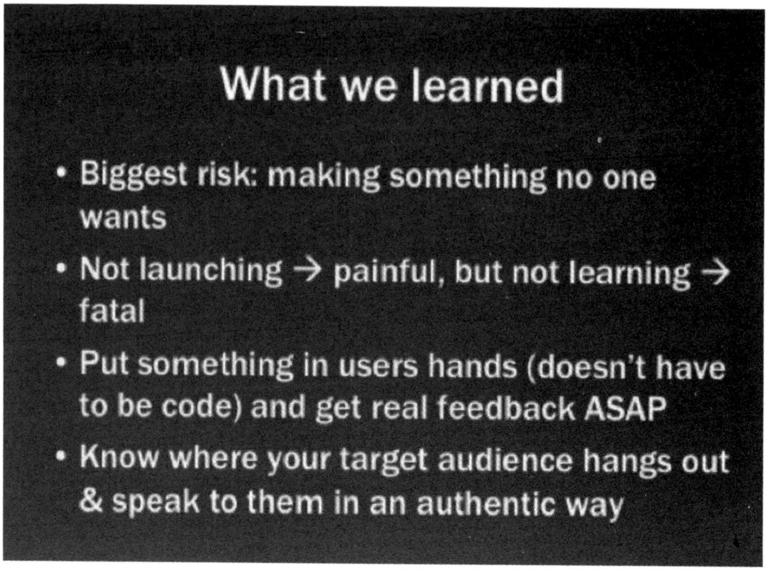

图 8-5
德鲁·休斯敦的早期
演讲所用幻灯片中
的一页

如果你选择通过这种方式来获取反馈，你就要确保紧凑的发布节奏，通过不断交付产品的迭代版本来说明进展。将客户支持邮件和你观察到的用户使用模式作为重要的设计参考。

但分析反馈又是另一回事了。那么，你该如何分析用户提交的反馈呢？

如何分析用户的反馈

分析用户反馈其实就是一种不同规模的销售考察。第 2 章中讨论过其中的细节——销售考察是"一种'网络民族志研究'，结合了细致的解读和共情步骤"，并且是"一种逐步对客户产生共情，以求理解他们的方法"（艾米·霍伊在采访中说道）。

在这个阶段获得了负面的或者互相矛盾的反馈，不一定意味着你走错了路，或者需要改变一切。仅仅因为某个人做了什么事或者说了什么话，并不意味着你一定要听取他的意见。

这个过程需要**细致解读**，这种研究技术旨在揭示反馈中不同层次的意义。细致解读时，你关注的是人们表达的方式、看待世界的方式，或者争论一个观点的方式。[14] 我们这么做是为了理解人们真正想要什么。这是因为，用细致解读的方法理解一位**用户**时，我们就能揭示出一系列能够形成特定模式的数据点。

"（当人们）发现一个数据点或者找到了一个潜在的客户 / 用户时，他们就会想，'好吧。就是这么回事。我要去做（这个产品）了'。这样做注定失败。"霍伊说道。

注意，潜在用户此时还未对你们的产品形成忠诚度。他们不知道你们最终能做出什么产品来，而且大概也不知道该如何确定自己真正的痛点。你作为产品设计师的职责就是，领导

注 14：参见 Harvard College Writing Center 网站文章 "How to Do a Close Reading"。

你的团队完成反馈分析，然后提炼出对产品改进最有用的信息。

例如，假设你在做一个交友类应用程序。早期行为反馈显示：用户间表达对彼此的兴趣时没有问题（如点赞、喜欢、关注），但他们的互动就到此为止了。用户的反馈表明：他们认为某些用户的个人信息是虚假的——应用程序中那个人的照片非常有魅力，但他的个人信息没有填写完整。

这里可能反映出两个问题。

用户不知道该如何迈出第一步，而你可能必须为他们提供一点帮助。此外，初期参与测试的潜在用户并没有填写完整他们的个人信息，可能因为相应的操作比较困难。

特别要注意的是，这里反映出两个可能存在的问题，却是由类似的原因导致的：压力感。人们做某件事时会感觉到压力，从而不知道该如何应对。

不要浪费你收集到的反馈

当你把一个产品交到同事、用户以及潜在用户手中之后，你就能获取**大量**可供筛选的新鲜研究材料了。

不要浪费你收集到的反馈。人力劳动是消耗品，但真实的、第一手且专有的研究数据则不是。花时间解析和理解这些数据，然后基于这些反馈做出产品的改进。

分析和理解反馈的最大好处就是，这样一来，你不会到最后做出一个错误的产品。虽然从反馈中解读出现有或潜在用户真正想说的话是比较折磨人的过程，但这总比做出错误的产品然后光明正大地发布它要**少遭受**很多损失。

"创造优秀产品的唯一方法就是爱上这个产品，然后内化并充分理解它，"乔恩·克劳福德在采访中说道，他是电商公司 Storenvy 的总裁和创始人，"我认为创造优秀产品的唯一一途径就是先花更多时间来理解要解决的问题，而非先去寻找解决方案——大部分设计师都非常乐于解决问题，以至于他们很容易就会忽略充分理解问题的过程。解决问题往往是很令人兴奋的，（但）认识和理解要解决的问题就不是那么有意思的事了。"

让用户的意见尽早得到反馈，由此带来的好处**才是**令人兴奋的。如果你已经正确解读了早期销售考察的研究数据，那么这会为你们在后续营销和销售上的工作带来无法估量的好处。

通过这个阶段，你将能接触到用户对产品的评价、关于早期产品成果的数据，甚至可能在发布前就有内测用户为你们的宣传造势。这意味着你可以把这些都编入产品正式发布后所需的产品宣传页和营销文案之中。而且，如果你们**真的**足够幸运，发布前就会有意见领袖级别的用户（alpha customer）**帮你们**做推广了。

可分享的笔记

- 绝望谷。作为产品设计师，我们都理解这种感觉。我们都曾有一个时刻，觉得自己负责的产品不会成功，没人会用它。这是内心的恐惧在作祟——你在担心你的所有研究和付出将就此付诸东流。
- 对于任何创造性的工作来说——包括构建产品——流程都是大致相同的。它们都是一种在上一版完成的基础上进一步改进的线性过程。
- 反馈有助于升级你的产品，就像角色扮演游戏中的角色所经历的那样。我们在早期探索广义的产品概念并确定要解决什么问题时，会取得较大的进展。接下来有一段很长的改进过程。最终，当积累的反馈达到一定程度后，我们就能使产品进入一种比预期还要强大的状态。
- 反馈意见可能会很尖刻。我们作为产品设计师，应当全身心投入工作，因此不要把负面评论看作针对自己的。创造性工作自然会反映其创造者个人的特质，但这并不意味着任何负面评价都是冲着你来的。
- 团队评审可以是皮克斯风格的"智囊团"会议、奇妙清单风格的"公开设计复核"，也可以是内部 Beta 版测试。
- 收集用户反馈的过程如下：首先，你要为你需要的反馈类型确定适合参与该反馈的用户；然后，收集反馈时不要掺杂个人的偏见；最后，利用销售考察环节采用的分析方法（参见第 2 章）来分析反馈数据。

现在动手

- 至少先完成你的原型。至少要把原型呈现在公司的"智囊团"面前。智囊团一般知道会有这个研究环节，也对你想要构建的产品的立足点有清楚的认识。
- 不要把反馈意见看作针对你提出的。即使创造性工作成果凝结着我们的心血，这也不意味着我们的成果容不下他人的批评。
- 不要构建错误的产品。解读反馈的含义之后，你要认真对待这些报告。如果收到的反馈清一色是"该产品毫无价值""该产品了然无趣"，那么你就该修正产品方向了。

访谈：露比·安纳亚

露比·安纳亚是一位经验丰富的产品专家。她现在是 WeWork 的产品管理总监，以前在雅虎、Tomfoolery 以及美国在线（AOL）工作。

你如何定义及确定你要做的产品及功能？这个过程会有哪些人员参与？

我会邀请那些擅长提问题的创意人才参与。当我们开始研究确定一个新产品或新功能时，通常都会涉及很多做假设、画草图的过程，其间也会开玩笑活跃气氛。我合作过的效率最高的团队的特点是，团队中的每一个成员对于自己所提出的概念及问题都会有一种所有权意识（他们都会捍卫自己的观点），这样我就能尝试捕捉到每个人看问题的角度。

这样的讨论具体是怎样的？

我是一个很注重视觉传达的人；我喜欢将可能的解决方案画出来。几乎所有产品构思讨论会的开始阶段都是用线框图画出主要的交互流程，同时进行的还有罗列出交互流程中发现的一切开放式问题。随时都会有成员之间你来我往的辩论，大家会引用竞争对手的方案以及优秀的实践案例来支持自己的观点。但我会努力让初始阶段的关注点更多地聚焦于人类的本能和渴望。讨论的最后，我们会确保所有人都认同并理解了产品的价值表述，只有这样才能保证后续的工作中大家都朝着共同的目标而努力。

这种会议的成果一般是怎样记录下来的，通过一份文档、一个计划，或者一个日程安排？你会用什么介质来记录、传播会议的成果呢？

我们使用待办清单——接下来大家各自需要做什么才能让产品最终实现，或者更具体来说就是，我们接下来需要做什么才能测试这个产品概念的可行性。我们的产品开发计划是通过基础的线框图来沟通的，在线框图之上进一步推进以 MVP 及用户调研为目标的视觉和技术层面的基础构建（如果会议结束已经做好了线框图就直接使用；如果还没有，我接下来就要为团队准备好线框图）。接着，我们会提出开放式问题，例如：谁是我们当前最大的竞争对手、我们的目标市场在哪里、这个概念 / 产品的发展史（如果有的话）是怎样的，等等。我会试图回答这些问题，努力在目标领域成为一个专家。

你和其他人员会如何进行竞品分析？研究竞品时，你会希望从中获取哪方面的经验，是产品流设计或 UI 设计惯例，还是分析它们哪个地方做对了、哪个地方做错了？

以上的几个方面都有涉及。只要某个公司的产品与我们的产品致力于解决相同的问题，或是我们都在同一个领域打拼，我就会专心研究该公司及其产品。在竞品分析的初步阶段，我会在类似 UX Archive 这样的网站查看产品流，我发现这些网站能极大地帮助我了解人们如何处理类似的问题。我会寻找同类产品，当前我的手机中有 225 个应用程序，其中很多都存放在名为"设计"或"测试"的文件夹中。

你会通过论坛帖文、应用程序评价或者一些用户对产品的抱怨来分析用户痛点和 / 或潜在机会点吗？如果答案是肯定的，这样的研究过程具体是怎样的？

我绝对会研究任何竞品应用程序的评价以及技术性的评论文章，但我也喜欢花时间访谈周围的人（有时候也会探寻自己的内心）：为什么他们会更喜欢使用某一产品、吸引他们的是什么、他们为什么要谈论这个产品，等等。

你如何把竞争对手在相同领域中产品的优缺点传达给你的团队，这是你会负责的工作吗？

我认为沟通是我最重要的职责之一。我也会在团队内传播能找到的所有和我们的产品概念或竞争对手相关的信息。我一旦找到任何我认为具有影响力的消息，就会告知我的团队，并收集他们的想法和观点。我会对我了解到的信息做进一步的详细分析，但我也喜欢抛出快速而简短的信息，让团队及时跟进人们当下所想及所做的事。所有我合作过的团队中，我所做的第一件事就是建立 IM（即时通信）群，我们在群里可以时常沟通各自正在做的事。当然，还会发很多猫咪的动图。

如果你们所做的产品当前没有直接的竞争对手，你会从哪里寻求灵感呢？

我会寻找产品可能会影响到的人群。我会问他们一些问题，向他们展示我们正在做的东西，并且找到尽可能多的关于他们的信息。然后我会试图在他们中间寻找共同点。

你构建产品之前如何明确极端用例、数据需求，以及其他潜在的挑战？

我认为，极端用例和挑战最好和我们的工程团队一起来研究确定——最初定义产品的总是我，但我需要依靠他们来弥补可能遗漏的地方。我认为，因为他们会负责产品的后端开发，所以他们比其他人都更了解某个页面何时会处于无内容状态或出错状态。

无论是你负责设计还是别人来提供设计方案，你们具体是如何交换意见的？在建立原型之前，你的设计工作会持续多久？

我把最初的线框图交给设计团队后，大家就开始不断交换意见了。在线框图中，我尽力展示所有可能的状态和涉及产品主要功能的用户流。接下来进一步构建产品的工作就交给团队其他成员了。然后大多数情况下，我就会不断根据他们的反馈进行修改，这是一种循环往复的过程——这里的"反馈修改周期"指一小时左右。当我做的某个修改或设计启发他们将产品引到另一个方向上，或者他们的反馈带给我启发时，我都会非常高兴。就像我说过的那样，我很看重图像化思考。虽然我完全不认为自己是一个艺术家，但我很欣赏伟大的设计，我也欣赏那些捍卫伟大设计的举动。

你如何为产品设计不同的页面状态？

我喜欢从优秀的实践案例和其他产品中获得灵感。用户引导页（onboarding）几乎总是我面临的最大挑战之一，但我对自己多年以来在这方面的进步感到满意。我记得第一次做产品时，当时对用户引导页的设计近乎偏执——我的意思是说，我想要确保考虑到所有可能性，并且让每个用户都能理解他们在做什么。我想我当时是因为太害怕失败了，所以才会那样。但随着多年工作的历练，我会更相信用户的认知能力，只要适当地加以引导就好，他们知道该怎么做。我会思考如何才能既简化引导流程，又能让该流程如同真实的产品本身那样让用户感到熟悉和亲切。

例如，我上一次创业时做了一个消息类应用程序（我们的产品在发布之前就被收购了）。我针对该产品的用户引导页提出的设计理念是，初次打开应用程序时，引导页面就好像你在和这个应用程序聊天一样——通过应用程序与用户的一问一答，用户输入、发送个人信息，并输入新用户的昵称和手机号等信息。

对于出错状态及无内容状态的设计，我喜欢充分利用它们的空间，例如展示一些好玩的或者看起来有趣的内容（有时甚至会放一张我的猫的照片）。

你如何确定当前的产品已经满足了既定目标，可以进入下一阶段的开发了？你是会进行内部测试、"狗粮测试"[15]**，还是会让潜在用户来测试产品？**

我会兼顾两种方法——"狗粮测试"和邀请潜在用户测试。当我使用一个产品时的感觉不像是因为工作而被迫去使用它，而且在测试用例中也能够看到类似的情况时（即参与测试的用户很乐意继续使用一个产品），我就知道该阶段的产品已经做到足够好了。但是，你很容易爱上你自己开发的产品，即使它行不通或者并不符合当下的市场需求——毕竟它就像你的孩子。保持客观并不容易，但当你退后一步并且意识到如果不采取客观/现实的态度，就是在损害你自己以及团队的利益时，自然就会倾向于保持客观了。

产品发布后你会特别注意哪些数据？你是怎样通过反馈来判断产品成功与否的？

分析产品的真实使用情况是关键所在。要深入研究人们在真实生活中使用产品的方式，而不是我们团队成员使用产品的方式、我们对市场会做出如何反应的设想。我们会研究具体哪些人在用我们的产品——是我们的目标用户群体吗？用户的使用频率如何？用户使用该产品来解决我们最初希望解决的痛点，还是用来解决别的痛点？用户什么时候使用它？他们使用时身处何处？以上这些问题的答案，只有你把产品交到用户的手中之后才有机会知道。这些问题的答案将决定接下来产品开发的侧重点——你们的产品方向是对的吗？你们需要调整方向吗？你们需要彻底重新思考该产品吗？

全身心投入产品的各个方面。你是产品的CEO。无论何时你都需要掌握它的工作方式、它所处的阶段、哪些问题还没有定论，以及接下来该做什么。我最近参加了一场业余讨论会，我们公司的高级副总裁杰夫·邦弗特给了我一些很棒的建议：永远都为你的产品准备一份10页的PPT演示文档。无论你是在雅虎这样的大公司还是在小型创业公司里工作，都需要一直做好准备，随时捍卫你的想法。随着你了解到更多关于该领域以及目标市场的信息，你也要不断更新演示文档内容。

注15："狗粮测试"或"吃狗粮"来自英语俚语"吃你自己的狗粮"（eating your own dogfood），指的是公司员工通过使用自己公司的产品来对其进行测试和推广。"狗粮测试"既可以是为了品控，也可以是一种证明产品价值的宣传策略。——译者注

我认为，乐观是确保前进动力的必要条件。如果你是制定产品愿景和策略的人，你自己都不能对前景保持乐观，那么别人又会怎么看待你的愿景呢？这又会造成什么影响呢？我认为，作为一位产品管理者，我工作的一部分就是每时每刻都要由我来代表我的产品——你得随时准备好介绍你的产品，你代表着产品背后的团队。

有哪些跟做产品有关的工具和技能是你非常想学习的？

我正在参加一个 iOS 开发课程，该课程面向非工程背景的人。我正在努力了解更多关于开发流程的知识，现在也逐步在用 Sketch 做线框图。

我也正在努力成为一个更优秀的产品推销员。对我来说，这并不是一件自然而然的事，因此我努力观察和学习那些我认为很擅长这种工作的人。在这个过程中我深有体会——不要被他人的质疑击垮。几年前，有一位副总裁询问我正在做的一个再设计项目的情况。他问道："你加入了哪些新功能？"我回应道："没加入新功能。"

他紧接着质疑我们是如何"蒙混过关"的。我想遇到这种情况时很多人可能会慌张，然后思考"我还能往里面加什么新功能呢"，但我坚持自己的立场："这个项目关注的是重新设计该产品的视觉表现层级与架构层级，从而让用户的体验更好、更有亲切感；另一方面，我们还要创造更好的广告投放机会。在这个阶段，我不想让用户被新的功能淹没。"他觉得这个回答没问题。你要坚持自己的立场，不要害怕说出"我没考虑到"这种话。如果真的没考虑到，你只需要记下这一点，然后稍后好好思考这个问题。或者如果你考虑到了，但你认为这不是一个合适的时机，那也可以坚持你的立场。我们有可能会犯错，但无论你是坚持了自己的立场还是盲目服从了你的领导，都不会改变这一点。至少这些经历会成为你积累的教训和经验，而非别人的。

你如何保持自己的创造力？

经常把玩新产品、与他人探讨这些产品。我认为赖恩·胡佛的 Product Hunt 非常棒——我非常高兴能看到一个拥抱新鲜产品概念的社区。我也喜欢住在硅谷。我知道很多人抱怨说，为什么这里的所有人谈论的都是技术，但我喜欢。我喜欢自己做的事，我喜欢谈论技术，也喜欢倾听其他人如何解决用户的痛点。我觉得技术社区的人一直讨论他们的工作是因为他们实在太喜欢自己的工作了。我欣赏这一点。经常与他人谈论喜欢某个产品的原因或某个功能应该怎么做，这能让我受到启发，有助于我解决自己产品的问题，或者产生新的想法。

第 9 章

交付是艺术，也是科学

完成发明与提供成品的区别

> 只要时间允许，我们会一直努力完善它（指电影），直到截止日期来临，我们不得不发行它为止。这是电影行业的传统。电影不是由我们主动发行的，而是赶出来的。
>
> ——本·伯特，声效设计师、电影剪辑师，《星球大战》系列电影导演

托马斯·爱迪生感到不堪重负。

那是 1882 年他内心的感受，那一年距离 1880 年新年夜的灯光展有一段时间了。那次炫目的展览对所有公众开放，而他在众人面前打开了通往神秘的门洛帕克实验室的大门。那是世界第一次见证电灯的力量。爱迪生甚至还考虑了当时的节日，发明了圣诞彩灯。[1]

大约 3000 名抱有期待且带着些许怀疑的观众在夜间抵达了沉睡着的门洛帕克火车站台，而他们即将看到的景象将能与 32 千米之外曼哈顿的繁华相提并论：眼前的小镇沐浴在电灯泡明亮而稳定的灯光之下。[2]

人群的热情想必感染了爱迪生，因为他随后公开承诺要把这种科技带到城市中，引入纽约的珍珠街。使电力从实验室走向大众生活的过程充满了意想不到的障碍，他不仅要在真实世界重现他在实验室中取得的成果，而且他的团队还要设计所有电力系统的部件（开关、

注 1：参见 Neil Baldwin 的著作 *Edison: Inventing the Century*。
注 2：参见 American Experience 网站文章 "Edison's Miracle of Light"。

插座、发电机，等等），并且为早期的顾客群体寻找一个合适的发电厂及输电厂建造地。天哪！[3]

除此之外，因为爱迪生还没有制定出电费计价模型，所以他安排了调查团队进行实地的市场研究：人们为使用天然气付了多少钱？他们愿意为电力和相关设备付多少钱？

虽然有承诺在先，但爱迪生在接下来的两年中并没有什么进展。批评言论持续扩散。难道这一切努力都白费了？

> 完成一个发明和把成品投入市场存在着很大的差别……人们发明摄影技术几年之后才拍摄出了第一张照片；人们发明汽船和电报几年后，才真正将它们投入使用。[4]

数字产品差不多也是如此。你创造出原型、设计好模型，让产品在某种程度上工作起来。你用恰到好处的完整体验暂时骗过参与测试的人，让他们测试时尽可能相信这就是真的产品。你会从这个过程中获得反馈、收集评价、迭代原型，使产品保真度提高到一定水准。

从这些迭代的原型，直到最终成为足以支持真实用户、获取真实数据的产品，需要翻过一座大山。虽然对于你要发布的产品来说，你们面临的风险可能没有爱迪生那么大（搭建电力网在当时应该算是一件开天辟地的事了），但我们现在谈论的毕竟是关乎你们生计的问题。如果你花时间创造了一个产品，而你知道这个产品将改善用户的生活，那么你就值得花时间来确保产品已经准备好进入真实的世界。

但什么才算是"准备好"？如果产品已经准备好了，你该如何让它进入真实世界？

做好准备就是产品准备好了

答案很简单，就是……产品准备好的时候。

我没想显得自鸣得意，完全没有。我也没想创造出一句让你可以在 Twitter 上向众多关注者显摆的话。

一个简单的事实就是，"交付"已经变成一种流行语。

> 破釜沉舟，志在交付。

> 管它呢，交付！

> 保持专注，持续交付。

注 3：参见 James Tobin 的著作 *Great Projects: The Epic Story of the Building of America, from the Taming of the Mississippi to the Invention of the Internet*。

注 4：参见 HISTORY 网站文章"Thomas Edison"。

我并不是说这些激励的话用错了地方。但是产品只有处于不断变化中——持续研究产品的用户群体——才是正在进化的产品，也才有可能获得进一步提升。

单纯为了交付而交付，对谁都没有好处。但这种思想已经变成我们不食人间烟火的技术文化中的一种执念。伴随着这种工作态度，出现了很多糟糕的产品——相比重视产品在解决特定问题上的效果，我们行业中的一些人更愿意以他们交付产品的速度而自豪。

我喜欢卡特·努尼——一位经验丰富的创业者、产品设计师——对于这个问题的主张，她曾指出：

> 这是"交付"，这可不是"交学费"。

她继续补充道：

> 一切都以交付为目的。

> 错！但请不要误会我的意思。我也支持尽快把产品做出来，然后依据用户测试、使用感受、反馈等相关信息持续迭代。这是因为初期的产品总会有 bug，通过这个过程，许多问题会显露出来，有些东西看起来可能没你们预期中的那么有吸引力——这些都没关系。但是，单纯为了把产品做出来而尽快交付，和为了做出一个有质量的产品而尽快交付是有区别的。

> 我们都太容易忽视一点：把一款人们愿意使用的产品推向世界，随之也对产品团队提出了一种要求——需要确保产品能解决某个问题再去推广。

从我的经验来看，一些团队为了交付而过分关注交付的组织环节，因为他们不知道除此之外还能做什么。他们不知道他们的用户真正需要什么，甚至可能不知道自己的目标用户是谁。

令人遗憾的是，为了交付而交付并不会改变这种情况。

因此，如果你现在正处于这种情况，那就往后退一步。"不要以为产品开发速度快就意味着成熟快。这个世界可不需要虽然破了开发时间纪录，却与用户需求南辕北辙的产品。"西尼·博维斯（前 Twitter 设计部经理）写道。你要找到解决用户问题的正确答案。

甚至连 Facebook 公司也是这么想的。2014 年，马克·扎克伯格发表公开声明，表示其公司团队要改变自己过去闻名业界的"快速前进，破旧立新"哲学——他们曾经把这句话挂在墙上、写入首次公开募股（IPO）招股书中。

"过去，我们做的很多事只是为了快速交付产品，然后尽早观察市场的反应，"Facebook 公司的布莱恩·柏兰德声称，"现在，我们不再直接把产品抛出来，而要先确保我们做的东西是对的。"他们改变策略后，股票价格取得的增长早就弥补了重新刷墙（把原来的哲学金句抹去）和修改 IPO 招股书所需的时间和精力。

既然我们已经谈到了科技巨头，那就不妨也谈谈苹果公司。在外界看来，蒂姆·库克和乔纳森·伊夫好像只有觉得产品足够"神奇"时才会真正交付。毕竟，他们手里的现金比美国财政部还要多。他们何必追求最短用时？

但实际情况并非如此。"苹果公司不仅设立了内部各个项目的截止日期，还为各个项目设定了总的截止日期，"前苹果公司高级设计师马克·川野（现为 Storehouse 照片存储公司 CEO）写道，"苹果公司产品生产周期的各个方面——从产品的设想到交付之间各个阶段所需的时间——都是预先计算好的。"[5]

你可能在想："但是，等等，你这个**摇摆不定**的作者。你刚指出应该在产品准备好时才交付。这是不是前后矛盾啊？"

好吧，来个反转怎么样？川野还提到：

> 但是——留意这个"但是"——苹果公司与众不同的是，它愿意根据具体情况调整截止日期。如果一个开发中的产品没有做好发布的准备，截止日期就会后延。如果一个产品概念不完美，或者在内部不被看作真正神奇且让人欣喜的产品，它就会被推迟、修改，而该产品将获得一个新的发布截止日期。

现在，一切都梳理清楚了，我们可以从这些例子中学点什么了。交付本身并不是最终的目标，它并不会让你的产品变得伟大。

交付的目的是创造"最简化受欢迎产品"。这个词是努尼创造的，它界定了我们这些产品设计师需要付出哪方面的努力——一个能够解决问题的产品，同时也要与用户建立情感联系，并能够影响用户。

她写道：

> 如果我们把"最简化受欢迎产品"的理念推向世界会怎么样？它是有能力被喜爱、被接受，以及作为问题解决者的最简单形态，同时用户也能理解它也是不完美的。

这并不是说我们要进行尽善尽美的产品发布，或者花上几年时间，直到一个产品完全合适时再发布。如果你想的话，可以每天都发布点什么。

但正如《星球大战》系列电影的著名声效设计师本·伯特谈到电影制作流程时所说的那样："电影不是发布出来的，而是赶出来的。"

对于用户痛点的关注，自我强加的截止日期，质量标准的设立——这些都是通过建立一种自然的强制机制来促使你们持续创造和迭代产品，并使其在准备好时及时发布出来。这就是为什么"最简化受欢迎产品"总是最棒的。

注 5：参见 Inc 网站文章 "The Biggest Lesson I Learned as an Apple Designer"。

成为"首席什么都管"

交付产品意味着你要对所有东西负责，你是你产品的"COE"（Chief of Everything，首席什么都管）。无论什么时候，你都需要知道产品如何运作、它处在什么阶段、哪些问题还没有定论，以及接下来该做什么。产品准备好交付或已经交付后，你的责任也不会终结。

对于辅助工作的工具，人们各有所好。Trello 板、便利贴、Wiki，无论你使用什么工具来协作，都要让你的团队能够理解你的表述，告诉他们你期待做到何种程度，并确保他们理解你的具体期待，而且还要确保每个人都知道他们应该做什么。

卡特·努尼在采访中向我透露，她和她的联合创始人成立了一家小型创业公司，她们会将产品发布需要完成的各个事项录入奇妙清单的共享待办清单来协作（如图 9-1 所示）。

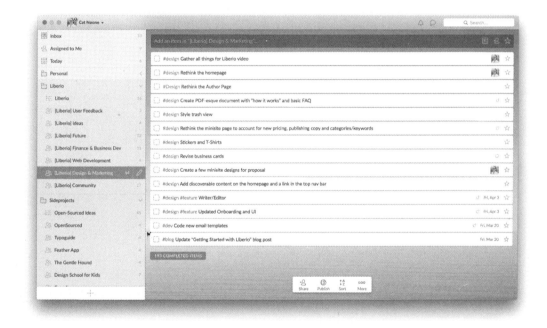

图 9-1
卡特·努尼通过共享待办清单与团队实时跟进、交流各自的任务进度

"针对我们产品的规划（以及总体的开发）的管理、协调工作都通过这种清单来完成，"努尼说道，"与很多其他的产品团队相比，这种形式非常松散。但你可不要误解，我们仍然会准备产品功能文档之类的东西，以理解团队需要做什么功能，但我们不会过度插手细节。"

"我们发现，更少的流程往往就是更好的流程。你会发现，我们使用标签（如"# 设计"）来标示每个任务项目的焦点，以及它与分类中的什么任务类型相关、谁对某个任务负责，等等。奇妙清单在这方面非常好用，因为无论一个项目有多少人参与，总应该有一个人从最初到发布环节一直对此负责。"

凯特琳·弗雷德森是上市公司 Care 的移动产品设计师，她使用的是 JIRA 用户故事（如用户注册的过程就可以算作一个用户故事）和共享 Google 文档相结合的形式。JIRA ticket（即为任务设定的唯一标识）使所有相关方都能跟进产品状态（如图 9-2 所示），而且 ticket 上嵌入了 Google 文档的链接，上面有功能如何运作的确切说明（如图 9-3 所示）。

图 9-2
弗雷德森在 Care 网站上发布产品时使用 JIRA 和 Google 文档相结合的形式

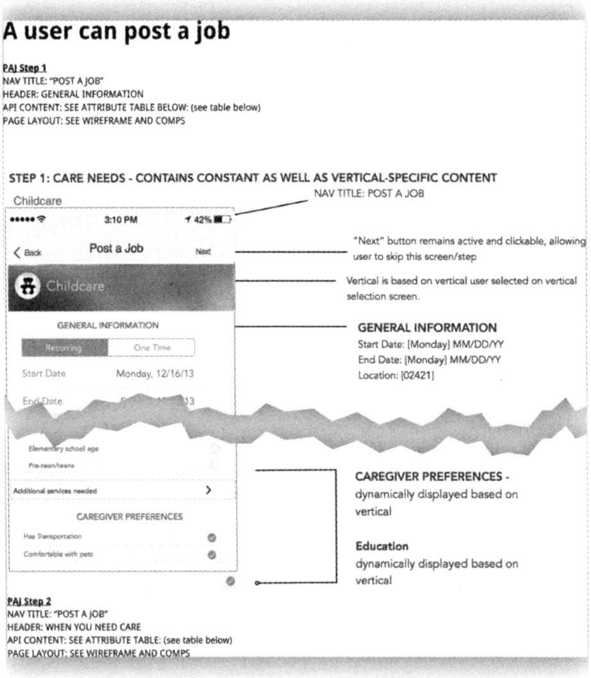

图 9-3
弗雷德森使用带有超链接的 Google 文档深度研究关键用户流

"我一直在用 JIRA 写用户故事（通常每个 JIRA 项目可以是一段文字或者几个项目符号列表那么长），它一直都是跟踪任务进度的最好方法之一，"弗雷德森说，"但我也会将 Google 文档和 JIRA 相结合，这是我最喜欢的工作方式。它能让你进行实时协作，因此如果初始需求中的某个东西变得不那么令人满意，你可以更新它并添加注释。它也允许你和你的开发团队追踪一个用户能够完成的各种任务，或者他们能用产品做的一切事。"

露比·安纳亚在 WeWork 和雅虎公司都做过产品，她会随身携带一份有趣的文档：她的产品的 10 页 PPT 演示文档，内容持续更新并时刻准备讲解介绍。

"无论你是在雅虎这样的大公司里工作，还是在小型创业公司里工作，都需要一直做好准备，随时捍卫你的想法，"她在采访中说道，"随着你了解到更多关于该领域及目标市场的信息，就要不断更新演示文档的内容。"

但你该如何让你的团队为接下来会发生的事做好准备呢？可能是预测媒体对你们的提问、练习营销宣讲，或者完成资产抵押？对登录页面的宣传文案仔细推敲，或者再斟酌一下产品定价？抑或是对产品发布视频的微调？

所有这些任务都在你身上——即使营销、销售或者工程部门的人员有自己的想法，他们也要寻求你的指引。

"我认为你必须全力参与其中，并且自己动手解决（问题），"格雷厄姆·詹金在采访中说道（他在 AngelList 做产品，这是一个帮助创业者筹集资金、招募人才的线上平台），"这个过程需要时间和精力，但如果你想要产品达到你认为合格的质量水平，就需要投入这部分时间和精力。归根结底，这就是需要艰苦付出的工作，我认为没有捷径可走。"

一旦产品发布，庆祝会也开完了——这是你们**绝对**应该做的事，顺便问问你们自己——接下来你们该跟踪什么数据？考虑什么问题？分析什么数据？

提莫尼·韦斯特和凯尔·布莱格（他们曾经为 Foursquare、Flickr 以及 Elepath 做过产品）认为产品发布取得成功的秘诀就在于监控团队收到的用户支持邮件（即用户提交的建议、反馈，等等）。

无论是由你来回复产品发布后收到的客户邮件，还是由你们的专家团队来负责，或者两者都有，你至少要确保对这些反馈渠道的监控。

是的，这个过程单调乏味，而且消耗时间。但这是在你交付之后，了解用户想法的最快、最直接的渠道。从用户的角度想一想：能和做出该功能或该产品的人谈一谈，这是不是很酷？

更棒的是，通过客户反馈的邮件，能够鉴别出产品的哪些部分好用、哪些部分令人费解。它既能鉴别出技术层面的问题，也能鉴别出产品设计层面的问题。

"而且，用户支持是任何公司里**最为重要**的工作，"提莫尼·韦斯特说道，"我见过很多小应用程序——那些你可能认为已经倒闭的公司——活了下来，并且越来越生机勃勃，因为他们的用户群知道自己可以信赖用户支持人员。从另一方面说，如果我在 Twitter 上抱怨一家公司的产品并通知了他们的公号，但没有被理睬，而且我知道他们看到了我的推文但是选择忽视我，那家公司可就危险了。"

布莱格同意道：

> 作为一名用户，我最想听到的就是，"嗨，我是某某，是负责这个功能的人，请告诉我发生了什么"。我觉得，如果创造了这个产品的人能找到你，那用户感知到的与产品的情感联系就明显变强了，而且用户也能感受到团队对其的重视。至少，我想确保我做的产品可以顺利使用。因此，我认为让创造这个产品的人来做用户支持人员是再好不过的事了。这简直就是理所应当。

但这里也有个小难题——人们可能会一时头脑发热。毕竟，我们谈论的是人。

弗雷德森在 Care 网站曾同时监控用户论坛、App Store 评分和评论、客户服务中心等诸如此类的反馈渠道。她很快就学会了一个道理：产品人必须"避免一收到用户反馈就立即做出相应的改变"，她在我们的采访中说道。

> 新产品、新动能总会激起用户的热烈讨论，但如果你熬过了最初的 24~48 小时，用户的态度就会稳定下来。大多数人在真正研究和使用你添加的功能、产品（或者适应你去掉的东西）之前就会对你的产品做出评论。因此不要急躁，发布后仔细倾听就好，等过了一段时间，用户情绪稳定下来，再根据主流反馈开始行动。这样一来，你就能以更加合理的改动回应市场。同时也要记住，用户的负面反应几乎总是比正面反应更响亮、更热烈。事实上，你可能只会听到负面的声音，即使你的大部分用户群体很喜欢这个改动。确保你自己不要愚蠢地随意撤回必要却有争议的改动。

让我对这种人类的行为特点感兴趣的原因在于，它支撑了我对于产品开发的一个核心观点：产品，从对用户（人）的观察开始，也从对用户（人）的观察结束。而用户支持帖文和邮件则是这方面观察工作的"金矿"所在。

未完待续

这就是技术行业。我们的工作总是离不开研究像素和硬件。你第一次入行就能首战告捷的概率微乎其微，即使你真的做到了，你的产品依然是由像素组成的——它会随着时间不断演进、改变。

交付只是漫漫长路上的一步，因此你要继续观察你的用户。持续研究并继续关注产品的用户，这样你就不会在遇到问题时不知所措。如果具备了对用户的深入了解，你就不会再怀疑自己是否在做正确的事了。

有很多人都希望你们一败涂地：你们的竞争对手、仇敌，以及参与竞争但失败了的人。引述一句电视剧《奔腾年代》中的话："因为你们代表着未来。"没有什么比未来更让人感到威胁。

天哪，你已经读到了这里？这意味着鄙人的不才之作花去你不少时间了。最后，为了延续我们引用电视剧台词的风格，我打算送你一句来自《白宫风云》的话：

　　未来会怎样？

访谈：乔什·埃尔曼

乔什·埃尔曼是一位经验丰富的产品主管，他专注于设计能够改变人们互动和交流方式的突破性产品。乔什在 Twitter、Facebook、LinkedIn 以及 Zazzle 都带领过产品团队，现在是风险投资公司 Greylock 的合伙人。

你的每段工作经历（Twitter、Facebook、LinkedIn 以及 Zazzle）都取得了不错的成果，你能否从中总结出一些共有的因素？

我首先想在这里说明的是，在某个阶段，往往没有人知道我们的行为和随后的成功之间究竟是因果关系还是仅存在相关性。我感觉自己超级幸运。我非常荣幸能有机会在这些公司工作，并见证了诸多非凡的产品决策时刻。我觉得有三个方面确实能把我待过的公司和没待过的公司（可能是我朋友待过的公司或者我曾经了解过但没有考虑加入的公司）区别开来。

首先，优秀的公司团队内部真的有一种"公司一旦取得成功，世界将被改变"的愿景。先不管他们持有这种愿景背后的原因是什么；这里的关键是，他们并不是一心期待公司如何才能成功、产品如何才能成功。他们持有一种信念：如果公司取得成功，世界就会变得不一样。这是一种很强大的信念。我在 RealNetworks 工作时，我们的信念就是，有朝一日，人们能够通过互联网来传递音频和视频。想象一下，如果所有音频和视频都通过 IP 地址传送，世界会是怎样的。如今，我们已经生活在曾经想象过的世界中了，你能通过 YouTube、Netflix、视频点播网站等做许多事，仔细想想真的是很大的转变。

至于第二个方面，我想从一个故事说起。我加入 LinkedIn 时，雷德说："如果我们能把所有职场人士和他们认识的人连接起来，就能改变人们找工作、获取某人联系信息的方式。这是因为当前职场人士的信息都是通过编入烦琐的索引来保存的，以至于人们很难进行个人之间私下的接触、交流。"我加入 Zazzle 时，情况也是如此。你能想象在某一个世界中，我们想买的任何东西都可以在下单后 24 小时内交付到我们手中吗？我还可以继续罗列类似的例子。回顾过去，Facebook 和 Twitter 可能是在这方面最为突出的。

这些产品的实现过程是很艰巨的，并且这些团队拥有改变世界的愿景。而且，所有这些公司团队不仅拥有这样的愿景，他们也有让世界被逐步改变为他们所期望的状态的策略。你要理解，你不可能一夜之间就让世界变得不同，这并不是做出产品然后努力让所有人都使用那么简单，所有这些改变都需要时间。

而且（每家公司）都有很多开创性的实践，同时（对自己愿景）持有坚定的信仰。在 LinkedIn 时，我们知道唯一能让这些难做的事变得简单的方式就是，让关系网连接起来。在 Zazzle 时，我们知道的唯一能让大家采用这种方式买卖商品的方法就是，先取得一些大品牌的进驻，接着说服人们使用它。在 Zazzle，你能定制一些意想不到的商品，例如邮票，一些你可能从来都没有想过能够定制的东西其实是可以定制的。因此 Zazzle 在可定制邮票上投资很大。所有这些明显的改变都是通过一个个开创性的小实践积累而成的。

第三个方面在于，所有优秀的公司产品都是简单的，而且都不是尽善尽美的。人们总是想使产品臻于完美，但致力于连接大众的产品总会有令人觉得复杂、混乱的地方。你尽力让一些用户先使用起来就好。随着时间流逝，反馈会帮助改进产品，而不应该畏首畏尾——例如抱有"它必须尽善尽美，以符合我们的远大愿景，否则我们不会去做"的想法。

综上，我认为是这三个方面：拥有世界将被改变的愿景；明确最初的几步应该怎么走，如果这几步走对了，你就能够继续走接下来的路了；然后就是保持简单，发布产品后不断研究用户，接受"产品会有点混乱"的事实。这些方面能为公司取得成功带来极大的影响。这和苹果公司的观念有很大不同，但无论如何，苹果公司主要经营的业务跟我们这些公司是有很多不同之处的，而创业者们不应该把自己和今天的苹果公司相比，因为这是不可能的。

我很喜欢你有一次公开表示，你懂得如何权衡"是使产品更完美，还是让它能够发布就好"。是否有哪些原则是你多年来一直铭记于心的？我知道这个问题的答案也许要根据具体情况而变化。

我已经很久没有思考过这句话了。我想这句话可能是写在我的 LinkedIn 主页上的吧。不错。权衡就是从根本上理解你当前想要用这个功能为这个用户组解决的问题，然后真正帮助团队使产品达到能够解决特定问题的程度。在达到这种程度时，我们可以确定要提供的东西是否能切实帮助用户解决他们面临的问题。

让产品变得更完美，有时并不能解决我们想要解决的更重要的问题。即使我们想出了使产品更完美的方法，那是否真的会帮助我们解决现在想要解决的问题？这就是团队面临的最根本的挑战和机会点。我认为很多人没有意识到这一点。太多人想把他们想做的所有事一件件做完，而不是思考：这足以解决用户的问题吗？这是因为，如果可以的话，我们就让产品发布吧。

寻找产品机会点的工作一般从哪个部门开始呢？

我认为可以从公司的任何部门开始。但你最终能否组建一个具有产品开发所需资源的团队呢？构建功能以及将具备新功能的产品交付给用户的工作只有产品开发团队能做到，公司中的其他团队则不行。营销团队做不到，他们没有工程师。他们可以通过投入资金、组织活动、策划设计等措施做很多有意思的事，但不能做出产品然后将其交付给用户，而这正是开发团队的专长。你称之为寻找"机会点"，但我更愿意称之为发现用户面临的"问题"。基本上来说，如果我们能让更多的人愿意为产品花钱、让更多的人每天都使用我们的产品，我们公司就会发展得更好，或者随便定个什么宏观目标——例如让更多的人用这种方式（例如赞扬）谈论产品，而非另一种。

无论公司的目标是什么——继续讨论进一步的问题，好吧，提供给用户我们现有的产品。我们为什么还没有更多用户痛点的解决方案，或者发现更多的用户乐意我们帮助解决的问题（如果我们能解决的话）？如果我们又帮助用户解决了某个问题，我们就会挣到更多的钱，或者获得更多的用户？然后我们讨论的问题进一步转变为——团队针对这个问题有哪些解决方案？解决方案并非仅限于产品经理或营销人员发现的那些，而是整个团队所能罗列出的方案。针对这个问题，我们发现了什么解决方案？寻找问题的过程最终在某种程度上变成了由公司驱动的，虽然我不愿意称其为"自上而下"，但最终，产品经理、总经理以及 CEO 都会达成共识："我认为这正是我们需要解决的问题。"

然后，产品团队接下来的工作就是"这个问题的最佳解决方案是哪一个"。他们需要一起得出答案。我用下面这句话来形容产品管理（我还有一篇围绕这句话讨论的博客文章[6]），这也是我给产品经理的建议：帮助你的团队走上正轨，即确保对用户来说合适的产品开发方向。这是为了帮助团队，而非领导团队，明确你的团队该做的事，写下整体的产品方案。

尽力帮助你的团队。交付，这是因为你必须最终成功交付产品，否则你就不是称职的产品经理。

合适的产品意味着你发现了真正的问题，同时在用一种可度量成果的工作方式解决这个问题。对用户来说，这意味着你理解了用户，而且你的调查和研究足以让你明确在为谁做产品以及要解决的问题。而你也会制定标准来衡量产品是否解决了问题。我说这句话是因为，一旦你的团队最终发现了用户面临的问题，那么大家的工作就是一起找出合适的解决方案，并且交付产品。

你如何使团队聚焦于正确的方向？

首先就是要相信你的团队。我觉得这句话听起来平淡无奇，但在实践中却困难得多。我认为，很多团队的组织架构和工作流程都是在没有内部互信的基础上建立的，所以这是一个问题。第二个问题是，一旦你对团队建立起信任，接下来的问题就会变成如何让你的团队参与进来帮助解决这个问题。团队知道他们能构建出怎样的产品，也知道产品是怎样开发的。设计师知道产品中的什么东西是可设计的、适合产品的。这些都很重要。

所以我过去通常的做法就是，如果我们知道用户面临某种问题，但对于问题的理解并没有一个真正的共识的话，我会尝试针对要构建的产品、功能和团队一同进行开放的头脑风暴会议。我们该如何解决这个问题？为了让更多的用户转换为活跃用户，或者让更多的用户进入系统，我们要做的第一件事是什么？我会通过过往的经验寻找产品创意，与此同时很多人通过直觉寻找产品创意。之后我们会辩论并投票。如果团队投票认为某种办法似乎是解决问题的最佳手段，那么你就要相信集体的力量。无论如何，最终要构建产品的也是团队。然后你们一起把产品做出来。

而且并不是每个人都会同意投票的结果。但如果所有人都见证了公开的投票和辩论，而你又对此保持开放和诚实的态度，接下来你就有机会说："好吧，我们都选择这个方案。

注 6：参见 Medium 网站文章 "A Product Manager's Job"。

大家都同意吗？那现在就一起开始行动吧。"接下来你的职责就是确保团队成员能实现既定的方案，此时你们团队已经取得了一定程度的共识。总之，我觉得将辩论和投票环节重视并利用起来是很重要的。

你是如何管理构建产品的工作流程的？你如何确保产品始终是合适的？

最终，伟大的设计师和伟大的工程师就会有像我这样强烈的**感觉**。我的工作是让产品在竞争中胜出。我所关注的是产品功能及其来历。我会保证我们拥有一致的命名规则。我会给我们做的每一个小功能命名，无论是"发送提高用户留存的邮件"还是"欢迎老用户回归的邮件"抑或是"新用户流 3"。可以是像这样的有些蠢的名字，也可以是比较好记的名字，比如"这都是啥"（WTF）或者"该关注谁"（Who to Follow）。这是我们在 Twitter 所采用的方式——来自用户的提议。我们总是想要找到能够定义产品功能乃至其来历的名称范围。

有时候这些是写下来的。我们本应写得更多——我经常临时起意——但这就像："嘿！这就是我们要做这个功能的原因，我们也希望有了这个功能以后，用户能做哪些事，我们也期待这个功能会对用户使用产品的方式以及整个业务产生影响。"对特定功能的来历讲得足够详细，你就能抓住符合设想的功能。有时候你会觉得你做产品的方向不太符合最初的考量；有时候每个人看了你所做的东西都会说"哦，现在我理解这个功能背后的原因了"，或者"这种功能看起来不太符合你们的构想"。但你要一直努力让功能贴近背后的构想。我认为，很多人没有意识到，构想对于我们所做的一切有多么重要。这是因为，一旦我能讲出背后的构想以表达想用这个产品功能做什么，那么所有东西都会围绕着这个想法展开。

什么情况下，你会决定退一步来思考当前的问题，并且觉得自己在做一个错误的产品？

我认为最常见的情况就是，如果你无法简洁地表述产品的概念，或者当你告诉其他人时，他们完全无法理解，并且他们在听完你的介绍后很难复述出来——那就是我真正担心的两种情况。我觉得这就是问题的关键所在。这要么是因为你无法完整地表述，要么是因为在你表述产品概念时，你的听众心不在焉。但即便如此，如果你相信你的产品，只要他们没有完全会错意，我觉得就没有问题，因为也许这只能说明你需要一种更好的表述罢了。第三种情况是，如果团队开始构建产品时，大家的感觉都是"这玩意儿太糟糕了"，你相信团队成员之间达成的共识，但有时候也需要坚持自己，因为人们容易在困境中越陷越深，或者产品的构建遇到了比他们想象中更严峻的困难。但如果你仍然认为这样做是正确的，那就继续坚持自己的主张。

当一个产品准备好发布和交付时，是产品团队在为其写营销文案和材料吗？他们会和产品营销人员谈论这些事项吗？你该如何确保产品在正确的方向上获得了足够的宣传？

一切都要回到产品背后的构想上。如果你已经写好了产品背后的构想，而公司里的人也理解它，知道这个产品为何如此重要，那它就有可能是顺利打入市场的产品主张。如果你还不能表述好产品背后的构想，那你就惹麻烦了。

访谈：卡特·努尼

卡特·努尼是一位经验丰富的产品设计师。她现在正在构建一款名为 Iris 的产品，它能够在用户面临紧急状况的时候通知其亲人。

你如何定义及确定你要做的产品及功能？这个过程会有哪些人员参与？

参与者有我自己、联合创始人，以及我们产品的用户——他们是最有权力决定接下来我们该做什么的人。我们会准备一个非常基础的产品路线图，罗列我们想要实现的东西、需要构建的东西，以及我们从用户那里获得的之前没有考虑到的其他信息。

你会如何发现并解决用户面临的问题？

设计特定产品之初，我们都会花很多时间学习相关领域的知识，把自己沉浸在相关领域的文章和图书当中（无论是自媒体还是专职作家撰写的）。你需要成为你所在领域的专家——无论这个领域是什么。如果是做消息类应用程序，你应该知道人类交流活动的来龙去脉；如果是做提高生产力的应用程序，你应该知道人们具体是怎样生活和工作的。

这种产品讨论会（或者关于产品的一系列讨论）具体是怎样的？

对我们来说，通常一旦有什么新点子从我们头脑中冒了出来，我们就会举行讨论会。我们在奇妙清单中有一个"未来产品想法"的清单，一旦想到新的东西就马上加进去，然后大家进行讨论。讨论可能立刻进行，也可能在接下来的某个例会中讨论。

我们会讨论产品对用户、平台以及公司可能产生的利弊。有时候，我们中的一个人会对某个创意非常兴奋，但讨论之后就会意识到之前没有考虑到的地方。于是，这个创意很明显是不应该去实现的，因为它只会浪费时间和 / 或资源。

这种会议的成果一般是怎样记录下来的，通过一份文档、一个计划，或者一个日程安排？你会用什么介质来记录、传播会议的成果呢？

这类会议结束时总是会做一份总结性的文档材料，我们会把这些文档加入产品的路线图文件中。我们会确定大概何时发布特定功能，一旦决定开发一个功能时，就要立刻做出关于这个功能的安排（如截止日期）。我们会确定这个功能在产品路线图中合适的位置，然后在合适的时候开始开发特定功能。

显然，当情况发生改变时，这种既定时间计划不会是一成不变的，但在大多数情况下我们都是按照计划来的。（因为团队面临的情况总会改变，所以）我们绝对不会随便地把功能加入开发日程表。唯一要求截止日期的就是 GitHub，因为你必须选择一个时间作为进度点，而奇妙清单只会帮助我们跟踪截止日期。

在产品讨论会之后，你是否会创造某种参考工具（例如文档、线框图之类的），并将其作为依据来防止团队的设计偏离原有的计划，或是出于为了保持团队专注之类的考虑？

我们尽自己所能保持开发进度，并且持续关注用户给我们的反馈，以及从产品和商业角度出发必须要做的事。这样做的结果就是，如果某个东西不在产品路线图的安排中，但确实很多人想要它，我们就会讨论它是否能够推迟以及是否应该推迟。或许，我们需要暂时把资源快速转移到这个需求更迫切的功能上。

你和其他人员会如何进行竞品分析？研究竞品时，你会希望从中获取哪方面的经验，是产品流设计或 UI 设计惯例，还是分析它们哪个地方做对了、哪个地方做错了？

对我而言，大概是所有我们能够学习的地方吧。我们首先研究的是竞品的用户体验。相比于我们的产品，使用竞品达成用户目标的难易度如何？我们会观察竞品的各个方面，从体验和视觉设计到其变现策略。最终，所有这些方面归根结底都是产品的用户体验，而我们会从这个角度与其进行比较。

你会通过论坛帖文、应用程序评价或者一些用户对产品的抱怨来分析用户痛点和/或潜在机会点吗？如果答案是肯定的，这样的研究过程具体是怎样的？

诚实地说，我们会从经营各种各样业务的公司那里获得启发。我们会关注一切能够提供了不起的用户体验的"大牛"。这些"大牛"往往甚至不属于我们公司所在的业务领域。我们会观察其他公司如何处理客户支持、商业变现、内外沟通、市场营销等问题，这些方面都很重要。如果你总是局限于几个寻找灵感的来源，那就是在自我设限了。各个领域中都有很多可以为你所用并值得你学习的东西。

构建产品方面，有哪些工具和技能是你非常想学习的？

如果有时间，我会努力学习，让自己更加精通代码，同时也要学习使用 Origami、Framer. js 这样的建立原型的工具。如果原型的迭代从最初起就有很好的布局设计，那就能将开发所需的时间缩短很多。团队中有人能够在紧急状况下接手另一个人的位置，这总是一件好事。这就是为什么我很提倡设计师跨平台工作，而非专注于单一平台。

你如何保持创造力？

Smashing 杂志采访我时，也问及了这个问题。但仔细思考之后我意识到，来自数字世界的创意竟如此贫乏。我对此也感到很惊讶。我经常有意离开计算机，为的就是获得创造力，同时也能防止身心俱疲。这是一种一石二鸟的做法。请不要误解，我绝对受到了很多设计师的启发，并且很关注他们的新作品。但我也通过旅行探索不同文化的艺术、美食以及生活方式，还有日常生活中令我眼前一亮的一些事物，这些东西都能激发我的创造力。

延伸阅读

其实我本来准备引用的言论和案例还有很多，但很遗憾，世界上关于产品设计与创新的好书实在是太多了。下面的延伸阅读书单能够帮助你一直保持旺盛的创造力，并且归根结底，让你一直保持强烈的好奇心。

The Elements of User Onboarding，塞缪尔·赫力克 著

　　我读到的最优秀（也是唯一）的关于如何提高用户使用频度的书。

《DOOM 启示录》，大卫·库什纳 著

　　这本书讲述了约翰·卡马克和约翰·罗梅洛的经历，他们被誉为"电子游戏界的列侬和麦卡特尼"。这是关于 id Software 公司以及创造《德军总部》《毁灭战士》和《雷神之锤》等游戏的故事。

《从优秀到卓越》，吉姆·柯林斯 著

　　这是关于公司如何取得长期成功的经典研究。虽然其中有些方法多年来遭受过批评，但阅读这本书对你来说仍然是极佳的思维训练。

The Making of Star Wars: The Definitive Story Behind the Original Film，J. W. 林兹勒 著

　　这是我看过的关于创新的最好的书。如果你是《星球大战》系列电影的粉丝，那么此书不容错过。你会看到卢卡斯如何构思出我们这些"星战"迷在梦中都能重现的故事，以及拉尔夫·麦考里的概念艺术是如何影响故事的（反之亦然）。

The Art of Star Wars, Episode IV: A New Hope，卡罗尔·泰特曼 著

这本书探索了拉尔夫·麦考里的原版《星球大战》系列电影的概念艺术，有人认为他是有史以来最伟大的概念艺术家之一。看看这种艺术如何影响故事，以及设计如何随着时间进化。

Droidmaker: George Lucas and the Digital Revolution，迈克尔·鲁宾 著

你知道乔治·卢卡斯让计算机、数码游戏编辑以及数字音效成了历史吗？你知道乔治·卢卡斯创造了皮克斯公司，然后把它卖给了史蒂夫·乔布斯吗？这本书中有大量精彩的内情，并介绍了如何基于调查对产品进行改进。

《人本界面：交互式系统设计》，杰夫·拉斯金 著

苹果公司 Mac 项目的创造者书写的经典。

Cadence & Slang，尼克·迪萨巴托 著

讲述交互设计纷繁复杂之处的优秀入门读物。

《拉姆斯菲尔德规则：美国最高级别的管理课》，唐纳德·拉姆斯菲尔德 著

这个具有争议却极为成功的人物曾经走进国会大厅、美国国防部、白宫，以及两家《财富》世界 500 强企业（出任总裁）。让我们通过他多年来创造的规则，了解他的世界观和职业素养。这本书最开始的形态是鞋盒中的索引卡，定稿之后在华盛顿转了一圈，被全世界的总统、商业领袖以及外交官阅读。

《乔纳森传》，利恩德·卡尼 著

这本书是关于乔纳森·伊夫的。不必赘述。

《苹果：从个人英雄到伟大企业》，亚当·拉辛斯基 著

我对"苹果公司是如何真正工作的"持保留态度，但这本书中确实也有一些很宝贵的内容。

《成为乔布斯》，布伦特·施兰德 著

比沃尔特·艾萨克森那本（《史蒂夫·乔布斯传》）要好。

Something Really New: Three Simple Steps to Creating Truly Innovative Products，丹尼斯·豪普利 著

产品**到底**是用来干什么的？第一次读的时候让我拍案叫绝。

《佗寂：致艺术家，设计师，诗人和哲学家》，雷纳德·科伦 著

有传言称，本书是苹果公司内部的挚爱之书。这本书绝无仅有，它告诉读者：美其实是设计师眼中的美的对立面。没有什么是完美的。

Less and More: The Design Ethos of Dieter Rams，克劳斯·克莱姆普 著

我认为这本书应该已经绝版了，但你仍然能从第三方卖家那里找到几本。这本书含有迪特·拉姆斯如何工作以及如何迎接产品设计中的挑战的海量细节。

Designing Visual Interfaces，凯文·米莱和戴劳·萨诺 著

一本经典之作。关于视觉设计原则的最好的书之一。已经绝版，但并不难找。

Creating Customer Evangelists: How Loyal Customers Become a Volunteer Sales Force，杰基·休芭和本·麦康纳 著

如何让顾客足够开心，以至于帮你推销产品。一本传奇之作。

《千面英雄》，约瑟夫·坎贝尔 著

比较神话学的终极研究，以及关于如何讲故事的一课。该书 1949 年首次出版时就成为热门读物，从此启发了全世界讲故事的人。对于我们这些想要创造体验的人来说，是一部必读之作。

《心流：最优体验心理学》，米哈里·契克森米哈赖 著

这本书介绍了著名的"最优体验"，以及使人进入"心流"[1]这种独特的意识状态的条件。产品流 ＝ 心流。

Julius Shulman: Modernism Rediscovered，皮耶路易吉·塞拉诺 著

朱利乌斯·舒尔曼是 20 世纪五六十年代美国最伟大的建筑摄影师之一，我们永远不会忘记他所拍摄的 20 世纪中期的建筑。随着这本书，让我们时光倒流，再次回到加州现代主义的巅峰时期。

注 1：美国心理学家米哈里·契克森米哈赖教授在 20 世纪 70 年代中期提出"心流"理论，指一个人在自觉自发的前提下，对某一活动或事物表现出浓厚而强烈的兴趣，从而进入一种完全沉浸其中的状态。

——编者注

关于作者

斯科特·赫尔夫（**Scott Hurff**），产品设计师和作家。他在大学时创业，并且成了波士顿的科迪亚克投资合伙人公司的常驻企业家。他的产品设计涵盖共享视频、娱乐、消费类移动应用程序等领域，并得到上百万用户青睐。

斯科特在其个人网站上教设计师们如何为设计赋予生命并且撰写如何做出好产品的文章。他的作品出现在了各种各样的出版物上，包括《时代周报》、*Quartz*、*Gizmodo*、《商业内幕》以及 *Gamasutra*。

简约至上：交互式设计四策略（第 2 版）

◆ 中文版销量100 000+册交互式设计宝典全面升级
◆ "删除""组织""隐藏""转移"四法则，赢得产品设计和主流用户
◆ 全彩印刷，图文并茂

书号： 978-7-115-48556-4
定价： 59.00 元

设计师要懂心理学 2

◆ 《设计师要懂心理学》姊妹篇
◆ 国际知名设计心理学家Weinschenk全新力作
◆ 用讲故事的手法生动呈现100个设计案例
◆ 用户体验设计师/交互设计师/产品经理必读经典

书号： 978-7-115-42784-7
定价： 59.00 元

设计的陷阱：用户体验设计案例透析

◆ 前罗德岛设计学院院长John Maeda作序推荐
◆ 精彩案例直戳痛点，帮你重新梳理设计思路

书号： 978-7-115-51631-2
定价： 59.00 元

设计体系：数字产品设计的系统化方法

◆ UX设计名师十年实战经验，"设计体系"新概念的开山之作
◆ 多位国际设计名师赞赏有加的数字产品设计方法论

书号： 978-7-115-52201-6
定价： 59.00 元

技术改变世界 · 阅读塑造人生

用户体验设计：100 堂入门课

◆ 不知道UX含义也能读懂的体验设计基础书

◆ 拒绝抽象概念讲解，用实践性课程手把手教你如何成为UX设计师

◆ 其前身UX Crash Course在线阅读量百万+、好评如潮

书号： 978-7-115-48022-4
定价： 59.00 元

设计与沟通：好设计师这样让想法落地

◆ 别让你的方案败在不会说话上！

◆ 破解13个日常沟通反模式，有效逆转沟通困境，顺利传递设计创意，缩短产品开发流程

书号： 978-7-115-49718-5
定价： 69.00 元

说服式设计七原则：用设计影响用户的选择

◆ 3个小时的阅读=产品设计能力大幅提升

◆ 教会你从用户角度思考，为影响和说服用户而设计

书号： 978-7-115-49682-9
定价： 49.00 元

设计冲刺：5 天实现产品创新

◆ 设计冲刺领域先驱传授多年实战经验，教你5天设计出成功的创新性产品

◆ 谷歌产品主管、微软用户体验总监倾力推荐

书号： 978-7-115-54081-2
定价： 99.00 元

技术改变世界·阅读塑造人生

结网 @ 改变世界的互联网产品经理（修订版）

◆ 一本流畅、可读的产品经理入门书
◆ 互联网产品经理的hao123
◆ 腾讯总裁马化腾作序

书号： 978-7-115-31397-3
定价： 69.00 元

敏捷实战：破解敏捷落地的 60 个难题

◆ 汇集敏捷教练和顾问多年职业生涯的心得体会
◆ 剖析敏捷实践中的典型问题，助力企业成功转型

书号： 978-7-115-54722-4
定价： 79.00 元

卓越产品管理：产品经理如何打造客户真正需要的产品

◆ 打造以客户为中心的文化，在实现业务目标的同时解决真正的客户问题

书号： 978-7-115-52664-9
定价： 69.00 元

用户思维 +：好产品让用户为自己尖叫

◆ 颠覆以往所有产品设计观
◆ 好产品 = 让用户拥有成长型思维模式和持续学习能力
◆ 极客邦科技总裁池建强、公众号二爷鉴书出品人邱岳作序推荐
◆ 《结网》作者王坚、《谷歌和亚马逊如何做产品》译者刘亦舟、前端
  工程师梁杰、优设网主编程远联合推荐

书号： 978-7-115-45742-4
定价： 69.00 元

TURING

图灵教育

站在巨人的肩上

Standing on the Shoulders of Giants

TURING
图灵教育

站在巨人的肩上
Standing on the Shoulders of Giants